人生哲理枕边书

桑　楚　编著

中华工商联合出版社

图书在版编目（CIP）数据

人生哲理枕边书 / 桑楚主编 . -- 北京 : 中华工商联合出版社，2017.8（2021.6 重印）

ISBN 978-7-5158-2113-9

Ⅰ . ①人… Ⅱ . ①桑… Ⅲ . ①人生哲学—通俗读物 Ⅳ . ① B821-49

中国版本图书馆 CIP 数据核字（2017）第 247219 号

人生哲理枕边书

主　　编：桑　楚
责任编辑：林　立　崔红亮
装帧设计：北京东方视点数据技术有限公司
责任审读：魏鸿鸣
责任印制：迈致红
出版发行：中华工商联合出版社有限责任公司
印　　刷：唐山富达印务有限公司
版　　次：2018 年 7 月第 1 版
印　　次：2021 年 6 月第 2 次印刷
开　　本：710mm × 1020mm　1/16
字　　数：240 千字
印　　张：18
书　　号：ISBN 978-7-5158-2113-9
定　　价：78.00 元

服务热线： 010-58301130
销售热线： 010-58302813
地址邮编： 北京市西城区西环广场 A 座
19-20 层，100044
http: //www.chgslcbs.cn
E-mail: cicap1202@sina.com（营销中心）
E-mail: gslzbs@sina.com（总编室）

前　言

米兰·昆德拉说："生活是一张永远无法完成的草图，是一次永远无法正式上演的彩排，人们在面对抉择时完全没有判断的依据。我们既不能把它们与我们以前的生活相比，也无法使其完美之后再来度过。"人生是从生到死的过程，对人生多一些思考，生活才会少一些盲目。

你对自己的人生做过何种思考？要知道，读懂人生，才能成就一生。哲理之于人生，就像照亮黑夜的明星、引领航行的罗盘，没有它的指引，人们将永远在盲目与混乱中摸索、挣扎，举步维艰，找不到正确的方向。苏格拉底曾说，人生就是一次无法重复的选择。每个人都会面临来自生活、工作和社会的各种各样的压力与问题。当难题迎面而来的时候，充分汲取、掌握并运用睿智的哲理来指明人生的方向，领悟人生的意义，就能加速我们成功的进程。凝聚前人智慧和经验的哲理是我们一辈子都可以受益的经典，只要你悟透其中的道理，娴熟地掌握其中的方法、策略和技巧，一定能深刻地理解和把握人生，明智而从容地面对人生道路上的各种问题，少走一些弯路，少受一些挫折，顺利、快速地走向成功和幸福。

《人生哲理枕边书》高度浓缩不同时代、不同民族、不同领域人们的智慧精华，从中提炼出隽永而实用的人生哲理，按不同的类别共分为四部分："小故事大道理"、"小寓言大道理"、"小幽默大道理"和"小文章大道理"，涵盖人生的方方面面，是一部囊括人类千年智慧的哲理书，一部铸就成功与完美的人生指南。不论你处在人生的哪个阶段，你都能从书中找到相应的哲理来指导自己。每天读一句哲理，生活将峰回路转，多一份通达；每天学一点智慧，人生将处处得失自如，多一份坦荡；每天一个领悟，心灵将多一份淡定从容。

一滴水珠就可折射出太阳的光辉，一朵小花即能蕴含春天的美好。生活中一些平凡的小事物里往往包含着最深刻的人生道理，它们比起抽象的理论，能以更简单、更直接、更迅捷的方式把这些道理揭示出来，拨动我们的心灵，让我们于瞬间豁然开朗。这本《人生哲理枕边书》所选内容短小精炼，包含了无穷的人生智慧和生活哲理，希望能够为读者打开一扇窗，使人能够见微知著，从一滴水看见整个大海，由一缕阳光洞见整个宇宙。

目　录

第一篇　小故事　大道理

目　录

第一篇

小故事　大道理

给他半壶水喝

在 17 世纪，丹麦和瑞典发生了战争。一场激烈的战役下来，丹麦打了胜仗。

一个丹麦士兵坐下来，正准备取出壶中的水解渴。突然听到哀哼的声音，原来不远处躺着一个受了重伤的瑞典人，两眼正盯着他的水壶。

“你比我更需要。”丹麦士兵走过去，将壶嘴送到伤者的口中。但是，瑞典人竟然伸出长矛刺向他，幸好偏了一点，只伤到了他的手臂。

“嗨！你竟然如此回报我。”丹麦士兵说，“我本来要把整壶水给你，现在只能给你一半了。”

后来，这件事被丹麦国王知道了。他专门召见了这个士兵，问他为什么不把那个忘恩负义的家伙杀掉？他轻松地回答：“我不想杀受伤的人。”

※ 大道理

当别人做出忘恩负义的事情后，自己还能有一颗饶恕的心，这是一种更伟大的情操。

聪明的囚犯

某个犯人被单独监禁。警卫已经拿走了他的鞋带和腰带，防止他伤害自己（他们要留着他，以后有用）。这个不幸的人用左手提着裤子，在单人牢房里无精打采地走来走去。他提着裤子，不仅是因为他失去了腰带，而且因为他失去了 15 磅的体重。从铁门下面塞进来的食物是些残羹剩饭，他拒绝吃。但是现在，当他用手摸着自己的肋骨的时候，他嗅到了一种万宝路香烟的香味。他喜欢万宝路这个牌子。

通过门上一个很小的窗口，他看到门廊里那个孤独的卫兵深深地吸了一口烟，然后美滋滋地吐出来。这个囚犯很想要一支香烟，所以，他用他的右手指关节客气地敲了敲门。

卫兵慢慢地走过来，傲慢地问道："想要什么？"

囚犯回答说："对不起，请给我一支烟……就是你抽的那种：万宝路。"

卫兵认为囚犯是没有权利的，所以，他嘲弄地哼了一声，就转身走开了。

这个囚犯却不这么看待自己的处境。他认为自己有权利这么做，他愿意冒险检验一下他的判断，所以他又用右手指关节敲了敲门。这一次，他的态度是威严的。

那个卫兵吐出一口烟雾，恼怒地扭过头，问道："你又想要什么？"

囚犯回答道："对不起，请你在 30 秒之内把你的烟给我一支。否则，我就用头撞这混凝土墙，直到自己血肉模糊、失去知觉为止。如果监狱长官把我从地板上弄起来，让我醒过来，我就发誓说这是你干的。当然，他们绝不会相信我。但是，想一想你必须出席每一次听证会，你必须向每一个听证委员证明你自己是无辜的；想一想你必须填写一式三份的报告；想一想你将卷入的事件吧——所有这些都只是因为你拒绝给我一支劣质的万宝路！就一支烟，我保证不再给你添麻烦了。"

卫兵从小窗里塞给他一支烟，并替他点了烟。为什么呢？因为这个卫兵马上明白了事情的得失利弊。

这个囚犯看穿了卫兵的立场和弱点，因此获得一支香烟。

※ 大道理

站在对方的立场考虑问题，你会发现，你变成了对方肚子里的蛔虫，他的所思所想、所喜所忌，都进入你的视线中。你可以从容地伸出理解的援手，或者及时地防范对方的恶招。

从设定目标开始

比赛尔是西撒哈拉沙漠中的一颗明珠，每年有数以万计的旅游者来到这儿。可是在肯·莱文发现它之前，这里还是一个封闭而落后的地方。这儿的人没有一个走出过大漠，据说不是他们不愿离开这块贫瘠的土地，而是尝试过很多次都没有走出去。

肯·莱文当然不相信这种说法。他用手语向这儿的人问原因，结果每个人的回答都一样：从这儿无论向哪个方向走，最后都还是转回出发的地方。为了证实这种说法，他做了一次试验，从比塞尔村向北走，结果三天半就走了出来。

比塞尔人为什么走不出来呢？肯·莱文非常纳闷，最后他只得雇一个比塞尔人，让他带路，看看到底是为什么。他们带了半个月的水，牵了两峰骆驼，肯·莱文收起指南针等现代设备，只拄一根木棍跟在后面。

10 天过去了，他们走了大约 800 英里的路程，第 11 天的早晨，他们果然又回到了比塞尔。这一次肯·莱文终于明白了，比塞尔人之所以走不出大漠，是因为他们根本就不认识北斗星。

※ 大道理

在一望无际的沙漠，如果仅凭着感觉走，想走出沙漠是不可能的。

人生旅途又何尝不是如此，如果不为自己设定目标，再努力也只是绕圈子而已。

没有上锁的门

乡下小村庄的偏僻小屋里住着一对母女，母亲深怕遭窃，总是一到晚上便连上三道锁。女儿则厌恶了枯燥而一成不变的乡村生活，她向往都市，想去看看自己透过收音机所想象的那个华丽世界。某天清晨，女儿为了追求那虚幻的梦，趁母亲还在熟睡时偷偷离家出走了，心里说："妈，你就当作没我这个女儿吧。"

可惜这世界不如她想象的美丽动人，她在不知不觉中，走向堕落之途，深陷无法自拔的泥泞中，这时她才领悟到自己的过错。

"妈！"经过 10 年后，已经长大成人的女儿拖着受伤的心与狼狈的身躯，回到了故乡。

她回到家时已是深夜，微弱的灯光透过门缝渗透出来。她轻轻敲了敲门，却突然有种不祥的预感。女儿扭开门时吓了一跳："好奇怪，母亲之前从来不曾忘记把门锁上的。"母亲瘦弱的身躯蜷曲在冰冷的地板上，以令人心疼的模样睡着了。

"妈……妈……"听到女儿的哭泣声，母亲睁开了眼睛，一语不发地搂住女儿疲惫的肩膀。在母亲怀里哭了很久之后，女儿突然好奇地问道："妈，今天你怎么没有锁门，有人闯进来怎么办？"

母亲回答说："不只是今天，我怕你晚上突然回来进不了家门，所以 10 年来门从没锁过。"

母亲 10 年如一日，等待着女儿回来，女儿房间里的摆设一如当年。这天晚上，母女恢复到 10 年前的样子，紧紧锁上房门睡觉了。

※ **大道理**

对于流浪在外的人来说，家是一道永远也不会上锁的门。对于遍尝人间炎凉的游子而言，母亲会给你永远的温暖。

20美元

这是一场精彩的演讲，它的精彩就在于演讲者那别具一格的开场白。演讲者手里高举着一张20美元的钞票，面对会议室里的200个人，问道："谁要这20美元？"一只只手举了起来。他接着说："我打算把这20美元送给你们中的一位，但在这之前，请准许我做一件事。"他说着将钞票揉成一团，然后问："谁还要？"仍有人举起手来。他又说："那么，假如我这样做又会怎么样呢？"他把钞票扔到地上，又踏上一只脚，并且用脚碾它。尔后他拾起钞票，钞票已变得又脏又皱。"现在谁还要？"还是有人举起手来。

※ **大道理**

如果我们把自己看成那20美元，道理就很好理解了：不管我们经受多少逆境、欺凌，但是只要我们始终认定自己的价值，我们就仍然是无价之宝。

背女人

从前，有一大一小两个和尚出门化缘，走到一条河边时，看见一个妙龄女子为水所阻无法过河，于是大和尚毫不犹豫地将她背起过了河。小和尚大为不解，晚上便忍不住问道："师兄，出家人六根清净，你背了那女子，不是犯了戒吗？"

大和尚答道："我背那女子一过河就放下了，可师弟你为什么到现在还背着她放不下来？"

※ 大道理

生活中，很多时候我们陷入僵局或困境当中，都是因为我们拿不起且放不下。如果始终被某个观念束缚，就会积思成疾，乃至影响正常的生活。

一个半朋友

从前有一个仗义的广交天下豪杰的武夫。他临终前对儿子说："别看我自小在江湖闯荡，结交的人如过江之鲫，其实我这一生就交了一个半朋友。"

儿子纳闷不已。他的父亲就贴近他的耳朵交代一番，然后对他说："你按我说的去见见我的这一个半朋友，朋友的要义你自然就会懂得。"

儿子先去了他父亲认定的"一个朋友"那里，对他说："我是某某的儿子，现在正被朝廷追杀，情急之下投身你处，希望予以搭救！"这人一听，容不得思索，赶忙叫来自己的儿子，喝令儿子速速将衣服换下，穿在了眼前这个并不相识的"朝廷要犯"身上，而自己儿子却穿上了"朝廷要犯"的衣服。

儿子明白了：在你生死攸关的时刻，那个能与你肝胆相照，甚至不惜割舍自己亲生骨肉来搭救你的人，可以称作你的"一个朋友"。

儿子又去了他父亲说的“半个朋友”那里，抱拳相求，把同样的话说了一遍。这“半个朋友”听了，对眼前这个求救的“朝廷要犯”说：“孩子，这等大事我可救不了你，我这里给你足够的盘缠，你远走高飞快快逃命，我保证不会告发你。”

儿子明白了：在你患难的时刻，那个能够明哲保身、不落井下石加害你的人，可称作你的“半个朋友”。

※ 大道理

你可以广交朋友，也不妨对朋友以诚相待，但绝不可以苛求朋友给你同样回报。如果苛求回报，友谊就会大打折扣，同时失望也就隐伏其中了。

用爱赌博

10 岁的玛莎和母亲相依为命，明天就是圣诞节了，虽然家里很穷，但母亲还是掏出了仅有的 5 美元递给玛莎，让她上街给自己买点礼物。

玛莎拿着钱找到了奥克多医生，她把 5 美元递给医生，小声请求道：“奥克多医生，您帮我母亲做一次腰椎按摩好吗？”奥克多无奈地摇了摇头：“最少也得 50 美元……”玛莎失望地走出诊所。

走出诊所，玛莎看到大街的一角围了许多人，她挤进去一看，是一个街头的轮盘赌。轮盘上依次刻着 26 个阿拉伯数字，每个数字对应一个英文字母。不管你押多少，也不管你押什么数字，只要轮盘转两圈后，指针能停在你的选择上，那么你都将获得 10 倍的回报。围观的许多人都跃跃欲试，但又怕自己连本钱输进去。

轮盘赌的主人拉莫斯看到小玛莎，挥挥手让她走开。玛莎没有动，犹豫了一会儿，把手中的 5 美元放在了第 12 格上。轮盘转两圈后，停在了第 12 格，玛莎的 5 美元变成了 50 美元。玛莎把 50 美元放在了第 15 格，轮盘继续转动，玛莎又赢了，50 美元变成了 500 美元。人们开始注意玛莎。拉莫斯问："孩子，你还玩吗？"玛莎把 500 美元放到了第 22 格，结果，她拥有了 5000 美元。拉莫斯的声音颤抖了："孩子，你还继续吗？"玛莎镇定地把 5000 美元押在了第 5 格。所有的人都屏住了呼吸，片刻之后，有人惊呼："上帝啊，她又赢了！"拉莫斯都快哭了："孩子，你……"玛莎回答："我不玩了，我要请奥克多医生为我妈妈按摩——我爱我的妈妈！"

玛莎走后，拉莫斯像呆了似的凝视着自己的轮盘，突然，他痛苦地向人们说："我知道玛莎赢在哪里了，这个孩子是用'爱'在跟我赌博啊！"人们这才注意到，玛莎投注的"12、15、22、5"四个数字，对应的英文字母正是"L、O、V、E"！

※ 大道理

只有爱才是世界的钥匙。爱是永恒的，只要拥有爱，看似困难的事都会变得相当容易。

淘气的里根

美国第 39 任总统罗纳德·里根小时候很淘气，11 岁那年，他与伙伴们踢足球时，不小心打碎了邻居家的玻璃。邻居向他索赔 12.5 美元。在当时 12.5 美元可是一笔不小的数目，足足可以买 125 只生蛋的母鸡！

闯了大祸的里根向父亲承认了错误，但父亲让他对自己的过失负责。

里根为难地说:“我哪有那么多的钱赔人家?”

父亲拿出 12.5 美元,交给里根说:“这钱可以借给你,但一年后必须要还给我。”

此后,11 岁的里根开始了艰辛的打工生活,经过半年的努力,终于挣够了 12.5 美元,并还给了父亲。

里根在回忆这件事时说:“通过自己的劳动来承担过失,使我明白了什么叫责任!”

※ 大道理

自己的责任不要指望别人来替你负担。记住,责任和机会是相伴而来的,放弃责任也就等于放弃机会。

张三打树

张三人缘极好,从没跟别人生过气。李四感到很好奇,就问他:“你怎么从来不生气啊,你是怎么做到的啊?”

张三说:“我也是正常的人,怎么可能不生气呢?只不过我不表现出来罢了。”

李四说:“那还不把人憋死。”

张三说:“我住的地方后面有一片树林,当我心情不好或是受了委屈、遇到挫折,想要发脾气时,我就会跑到树林里,狠狠地用手掌打树干,等手打疼了,我的不快、怨气也就没了!”

※ 大道理

一味地压抑,不但不能解决问题,还会使自己身心受损。但是,在如今的社会中，人与人的关系非常微妙，不能随便发泄。所以，只好自己想办法缓解精神压力了。

事在人为

李嘉诚的人生格言很简单，只有四个字："事在人为。"

1955 年，李嘉诚首次开始扩张业务，成立了一家中型工厂，接了几个月的订单，买了新机器，当时一家处于倒闭边缘的厂子正在招租，李嘉诚便租了下来。原厂的一位老职工劝李嘉诚说："李先生，我很少看见一个年轻人像你这么努力，但我想提醒你的是，这里的风水不好，在这里经商的，没有一个是赚到钱离开的，每一家都失败了。我的老板来的时候也是雄心勃勃的，现在却差不多要倒闭了。隔壁那两家也好不到哪去。我看你年纪轻轻，损失点定金算了，去找一个好地段吧。"

李嘉诚非常感激老工人的真诚，他礼貌地说："当年有位前辈曾给我说过，'铁能变成金，金也能变成铁，关键看你怎么去做'。风水和气象也是人做出来的，而且订单我已经接下了，机器也已经订好了，如果现在不安装设备生产的话，我就会失信于人，我绝对不愿意这样做。"

接手这家工厂后，李嘉诚小心经营，结果生意很好，开工一个月就已赚到了全年的经营费用。不到一年，隔壁那两家厂子果然如老工人所料都倒闭了，于是，李嘉诚把这两家厂也租了下来。到李嘉诚找到新的厂房后要搬离这里时，好多人都出高价抢着要租那儿的厂房。

※ 大道理

世上无难事，只怕有心人。自我充实，尽自己最大的努力，会把许多不可能的事情转化为可能。

电影的雏形

1872年的一天，在美国加利福尼亚的一个酒店里，斯坦福与科恩围绕“马奔跑时蹄子是否着地”这一问题发生了争执。斯坦福认为，马跑得那么快，在跃起的瞬间四蹄应是腾空的，而科恩认为，马要是四蹄腾空，岂不成了青蛙？应该是始终有一蹄着地。两人各执一词，争得面红耳赤，谁也说服不了谁。于是两人就请英国摄影师麦布里奇作裁判。麦布里奇就想了一个点子，他在一条跑道的一端等距离放上24个照相机，镜头对准跑道；在跑道另一端的对应点上钉好24个木桩，木桩上系着细线，细线横穿跑道，接上相机快门。

一切准备就绪，麦布里奇让一匹马从跑道的一头飞奔到另一头，马一边跑，一边依次绊断24根细线。相片显示：马奔跑时始终有一蹄着地。科恩赢了。

事后，有人无意识地快速拉动那一长串相片，“奇迹”出现了：各相片中静止的马互相重叠成一匹运动的马，这就是电影的“雏形”。

※ 大道理

其实，有时争执是美丽的。因为有争执，才会有探究，才会有重大发现。同时，人们也应留心生活中的每一个瞬间。

晏子的比喻

晏子正陪齐景公坐着休息时，梁丘据驾车觐见。景公就对晏子说：“只有梁丘据跟寡人最合得来。”

晏子回答说：“是吗？我觉得梁丘据不过是善于逢迎您，这不叫合得来，这只是同。”

景公问道：“你解释一下。”

晏子回答说：“我用做汤给大王作比方吧。做汤的时候，用水、火、醋、酱、盐等来烹调鱼肉的时候，首先用火煮，煮好了之后厨师来调和，之后再加各种调料补充味道的不足，避免味道过重过轻，如此才能做出一锅好汤，人们吃了才舒服。如果只用水来调味的话，谁肯把这种淡而无味的东西当作汤呢？汤就是和，而用水调味的话就是同。”

景公回答说：“大夫说得很有道理。”

※ 大道理

随波逐流，就等于失去了自我，就是把自己的命运完全交给了别人去安排，其结果可想而知。

和而不流

子路向孔子请教什么叫做强。孔子说：“强有几种，宽厚温和地教诲别人，对于对方的横暴无礼不以牙还牙地进行报复，这是南方的强；把刀枪甲胄当作枕席，时刻都不离开武器和戎装，视死如归，这就是北方的强。君子可以随和，但是并不随波逐流，国家政治开明，自己也不改变穷困时的操守，国家暴虐，没有德政，自己至死也不改变平生的志向，这是真正的刚强！”

君子要做到和而不流，就要立定中庸之道，不偏不倚，这才是真正的刚强啊！

※ 大道理

孔子曰：“君子和而不同，小人同而不和。”每个人都有自己的立足点和出发点，有自己的处世原则，因此当我们面对问题的时候，不能因为屈服权威而放弃了自己的主张。若因屈服权威而放弃真理，岂不可惜！

众口铄金

从前曾子住在费，费有个和曾子同名同姓的人杀了人。有人告诉曾子的母亲说：“曾参杀了人。”

曾参的母亲非常惊讶，可是因为曾参平常是个非常善良的人，是不可能做出杀人的事情的，于是她马上说：“不可能的，曾参是不会杀人的。”

过了不久，又有人说：“曾子杀了人。”曾子的母亲还是若无其事地继续织布。

一会儿又有人进来了，这次是他们家的邻居。她气喘吁吁地对曾参的母亲说：“不得了了，曾参杀人了！他已经被官府抓了起来，据说现在正在审理呢。你快点想想办法该怎么办吧！”

曾子的母亲害怕了，丢下梭子翻墙逃跑。

※ 大道理

“众口铄金，积毁销骨”，所以君子要“不以言举人，不以人废言”。也就是说做人一方面要谨言慎行，不能没有根据地随便说话，另一方面也要以信待人，相信他人，不要随便怀疑别人。

清心寡欲的晏子

年迈的晏子越来越感到力不从心了，就主动向朝廷请求辞去官职，并请求退还封给他的城邑。齐景公认为没有这样的先例，就只同意他辞官，不应允他退还封邑。

但是晏子坚持说：“我年老无能，德行一般，却接受优厚的俸禄，这会掩盖君王的圣明，玷污卜臣的行为，不能这样做。”他还说：“德行一般俸禄却多，头脑昏愦家中却富有，这是表彰耻辱而违背教化，不能这样做。”无奈，齐景公只好答应了晏子的请求。

晏子临终时还叮嘱妻子说：“我担心我死了以后，家里的风气会变。你要照看好家，不要改变我们家俭朴勤劳的家风。”

※ 大道理

“淡泊以明志，宁静以致远”，这是立身之德，立命之本。不清心寡欲就不能使自己的志向明确坚定，不安定清静就不能实现远大理想。

母亲的教训

当杰克·韦尔奇在塞勒姆高中读最后一年的时候，在学校举行的冰球赛中，韦尔奇所在班的球队击败了 3 个球队，赢得了这 3 场比赛，但在随后的 6 场比赛中，这支球队却连续败北，而且 5 场都是一球之差，所以，在第七场比赛中，韦尔奇极度渴望获胜。当时韦尔奇是他所在队的副队长，在这最后一场比赛中，韦尔奇自己打进了两球，队员们顿时精神大振。双方在打成2比2后进入了加时赛，对方球队很快就进了一球，第七场比赛又输了。

韦尔奇沮丧极了，头也不回地冲进了休息室。大家正在那里换球衣的时候，门突然开了，韦尔奇的母亲大步走了进来，一把揪住了他的衣领，冲着他大吼道：“如果你不知道失败是什么，你就永远都不会知道怎样才能获得成功！如果你真的不知道，你就最好不要来参加比赛！”在那么多球员面前，韦尔奇遭到了羞辱，但母亲的那些话他一辈子都没有再忘记过。后来他回忆说，正是母亲的热情、活力、失望和爱才使得她闯进了休息室。母亲一直是对他一生影响最大的人，她教会了他竞争的价值，教会了他如何面对胜利的喜悦和前进中必要的失败。

※ 大道理

失败乃成功之母。不要畏惧失败，失败的背后所藏匿的往往就是成功，再坚持坚持，向前走一步，成功就会离你越近了。

男作家和玛格丽特·米切尔

在某年的世界文学座谈会上，一位相貌平平的女士端坐在一个角落，她的隔壁坐着一位匈牙利男作家。这位男作家神情傲慢，看了一眼坐在隔壁的那位女士，问道：“你也是一位作家吗？”

“应该算是吧。”那位女士亲切地回答。

男作家继续问道：“那你都写过什么作品呢？”

“哦，我没有写过其他东西，只写过小说而已。”那位女士谦虚地回答。

“原来是这样，我也是写小说的，到目前为止已经写过三十几本了，多数人都觉得不错，曾获得了好多好评。”男作家骄傲地说道。

说完以后，男作家又问：“你写过几本小说呢？”

女士微笑着回答：“我只写了一本而已，没有你写的那么多。”

“才一本啊？书名是什么呢？我看看我看过没有。”男作家的得意之情越来越溢于言表。

“我那本小说叫《飘》，不知道你有没有听说过。”

男作家顿时惊愕得无法搭腔，原来她就是大名鼎鼎的玛格丽特·米切尔。

※ 大道理

有的人一辈子做了许多事，可都没有什么质量，而有些人却一辈子认认真真地只做好了一件事。可见，质量的重要性胜于数量。

驼背老人捕蝉

孔子游历到楚国，经过一片树林的时候，看见一个驼背老人捕蝉，就好像在地上拾取一样，从来不会失手。孔子走上前去，问道：“请问先生是怎么把技术练得如此娴熟的？”

那人回答说：“我刚开始捕蝉的时候，也像别人一样，常常失手。后来，我在竹竿顶上放两个丸子，用手举着，身子不动。这样训练几个月后，丸子在竹竿上可以不掉下来，这时去捕蝉，失败的几率就很低了。后来，我在竹竿上放三个丸子，如果不掉下来，这时去捕蝉，失败的情况就更少了。到后来，我放五个丸子在竹竿上，训练得不掉下来后，这时去捕蝉，就好像在地上拾取一样，从不失手。”

那人见孔子听得津津有味，又继续说：“我捕蝉的时候，身体像木头一样静止不动；我把持着自己的手臂，就好像把持着一棵枯木一样。天地虽大，万物虽多，除了蝉的翅膀，一切我都看不见。我不回头不侧身，不因为万物转换对蝉翅膀的注意力，这样还有什么得不到的呢？”

※ 大道理

排除了一切外在干扰，用心专一，精神高度集中，就可以达到神奇的境界。捕蝉如此，做任何事都是一样。

克雷蒂安的胜出

1993 年 10 月，加拿大举行总理竞选。当时让·克雷蒂安的对手利用电视广告夸张地攻击他的脸部缺陷，但是，克雷蒂安的对手没有想到的是，他自以为高明的招数却招致了大多数选民的反感，尤其是大家知道了克雷蒂安的传奇经历后，更是坚定地把自己手中的选票投给了克雷蒂安。

克雷蒂安的相貌丑陋，而且生下来就有残疾，他的左脸部麻痹，说话时口吃，嘴巴会歪向一边，一只耳朵失聪。但是，克雷蒂安并没有因此而自暴自弃，他的母亲总用一句话鼓励他：“每一只漂亮的蝴蝶，都是历尽艰辛冲破束缚它的难看的茧壳，才拥有漂亮的未来。”克雷蒂安小的时候曾经把小石子放在嘴里练习说话，后来，他不但能流利地讲话，而且凭借着自己的努力和勤奋，以优异的成绩完成了自己的学业。

在那次大选中，克雷蒂安的口号是：“我要带领国家和人民成为一只美丽的蝴蝶！”最终，他在这次选举中获胜。在任内，他工作地辛勤，颇有作为，获得了人民的广泛支持和尊重，并在 1997 年的选举中再次胜出。

※ 大道理

无论自己怎样地卑微，你都只能做你自己；如果你想受人尊敬，那首要的一点就是你得尊敬你自己，只有自我尊敬，才能赢得别人的尊敬。只要冲破卑微的束缚，便可获得高贵的新生。

孔子教子

一天，孔子对他的儿子孔鲤说：“君子是不可以不学习的，与人会面不可以不修饰，不修饰仪容就会显得不整洁，仪容不整洁就显得对人不尊敬，对人不尊敬就等于失礼，失礼就不能自立于世。那些站在远处就显得光彩照人的，是修饰得有整洁仪容的人。与人接近而让人心中洞明的，是胸中有渊博学问的人。就像地势低洼的地方，雨水聚集在那里，就会长出水草，从高处看，谁会知道这不是从地下喷涌出来的泉水呢。”

孔鲤听了孔子的话，问道：“那么父亲的意思是说君子一定要善于修饰自己了。可是您不是经常教导我说，君子只要保持本质就可以了，不需要讲究文采吗？”

孔子说：“鲤啊，你还没有理解我的意思。文采如同本质一样重要，文质彬彬才能成为一个君子。如果一个人过于质朴，缺少文采的话，他就会显得粗野，流于粗俗。但是也不能太讲究文采，如果一个人太过于富于文采，文采多于质朴的话，他就会流于虚伪、浮夸、花言巧语、伪装和善，这种人是很少有什么仁德的。只有质朴和文采配合恰当，这才是个君子啊。”

※ 大道理

文质彬彬，是普通人行为的标准和榜样。然而，在追求这样的理想的人格模式和人格典范的时候，切记不能“过而不及”。过于修饰和太质朴都不算是君子，只有文与质恰当地调和，才能达到君子的境界。

说我是啥就是啥

士成绮从很远的地方赶来求见老子。他对老子说：“我听说夫子是圣人。因此我从老远的地方赶来见你，旅途超过一百天，脚后跟磨出厚厚的茧都不敢停下来休息。现在我看先生并不是圣人。老鼠生活的地方都有剩菜，而妹妹却被抛弃不养，这是不仁；生的熟的食物堆积在面前，和山一样高，这是贪财。”老子听了，十分冷淡，不作回答。

第二天，士成绮再去见老子说：“昨天我讽刺了你，今天我已经有所觉悟，但我说不出我所悟到的道理，这是为什么呢？”

老子说：“我现在早已不是巧智神圣之人。先前你说我是牛，我就是牛；你说我是马，我也就是马。假如确有其实，别人给你名称却不接受，只会再次遭殃。我的所作所为一向如此，并不是为了故意要给人看才去做很多事情。”

※ 大道理

别人怎样评价自己都无所谓，也不必放在心上，因为那只是外在的，根本改变不了什么。记住：只有心如止水，才会荣辱皆忘，才会摒弃喜怒哀乐情绪的干扰。

服装设计师安妮特

安妮特小时候家里很贫穷，刚成年，小安妮特就在纽约的第五大街的一家女服裁缝店里找到了一份工作，当打杂女工。正式上班以后，她经常看到女士们乘着豪华轿车来到店里，在店里的镀着金边的大试衣镜前试穿她们的漂亮衣服。店里的女老板也和她们一样，穿着讲究，举止得体，端庄大方，高贵典雅。一股强烈的欲望在她的心中燃起：我也要当老板，成为她们中的一员。

这以后，她每天开始工作之前，也都要对着那面试衣镜，很开心、很温柔、很自信地微笑。当时的她虽然经济拮据，只能穿粗布衣服，但她假装自己已经是身穿漂亮衣服的夫人，待人接物也和那些贵夫人一样落落大方，彬彬有礼。她的这种行为得到了老板和顾客的喜爱。她虽然地位卑微，只是一名打杂工，但她工作积极投入，仿佛那间裁缝店就是她开的一样。

不久，老板觉得安妮特是店里员工中最有头脑、最有气质的，而且表现也是最杰出的，于是，她把裁缝店交给了安妮特管理。渐渐地，凭着安妮特的勤奋好学，她很快成了著名的服装设计师。

※ 大道理

出身不能决定一个人的命运，能力却能决定一个人的地位。我们谈论一个人时，不会问他是什么阶级，而是问他有什么能力。

比尔·盖茨做图书管理员

1965年，卡菲瑞在西雅图景岭学校图书馆担任管理员。一天，一个同事推荐了一个四年级学生来图书馆帮忙，卡菲瑞答应下来。

不久，一个瘦小的男孩来到图书馆，卡菲瑞先给他讲了图书分类法，然后让他把已归还图书馆却放错了位的图书放回原处。

小男孩高兴地问:“就像是当侦探吗？”

卡菲瑞微笑着回答:“那当然。”

接着，男孩在书架的迷宫中穿来插去，不大一会儿，他已找出了三本放错地方的图书。

第二天他来得更早，而且干得更认真。干完一天的活后，他正式请求卡菲瑞让他担任图书管理员。卡菲瑞对他的工作也非常满意，答应了他的请求。

又过了两个星期，小男孩邀请卡菲瑞去他家做客。吃晚餐时，孩子母亲告诉卡菲瑞他们一家要搬到附近的一个住宅区，而这个孩子则担心他走后谁来整理那些站错队的书。

此后，卡菲瑞一直记挂着那个男孩。但没过多久，男孩又出现在卡菲瑞面前，并欣喜地告诉卡菲瑞，那边学校的图书馆不让学生担任管理员，他的妈妈把他又转回这边来上学，由他爸爸用车接送。“如果爸爸不带我，我就走路来。”男孩笑着说。

卡菲瑞想，这个男孩子决心如此坚定，对他来说简直就是天下无不可为之事。

这个男孩就是信息时代的天才、微软公司老板、美国首富——比尔·盖茨。

※ 大道理

人生最高的奖赏和最大的幸运大多产生于某种执着的追求过程中，人们在追求中找到自己的工作与幸福。即使是还没有确定目标的追求也比没有追求好得多。如果坚定了你所追求的信心，那么你会发觉你离成功越来越近。

爱和我

一个年轻的男人遇见了一位年轻的女子。

他们彼此相爱，于是相拥而去。

之后的某一天，那个年轻女子，独自在那片草地上寻找着，双眸流露出惶惑和不安。

哲学家梭罗走了过来："孩子，你究竟丢失了什么东西呢？"

"我在寻找我自己。自从那天在这里与他相遇，我就发现我丢失了自己。我的欢笑因他而产生，我的眼泪因他而流淌；我似乎是因他而生，我更会因他而死。然而，我呢？我到哪里去了？"

梭罗笑道："孩子，不必寻找了。当爱产生时，'我'就消失了。你们相爱时，已经彼此消失了，融为一个整体，你的自我只能在他那里寻找，而他的自我只能在你这里寻找。遗憾的是，他和你都不见了，因而你们不必寻找，你们已经变成了一个新的整体。"

※ 大道理

在爱情里，相爱的人都获得一个全新的自我。

原一平和老和尚

日本保险业泰斗原一平在 27 岁时进入日本明治保险公司开始推销生涯。当时，他穷得连午餐都吃不起，并露宿公园。

有一天，他向一位老和尚推销保险，等他详细地说明之后，老和尚平静地说："听完你的介绍之后，丝毫引不起我投保的意愿。"

老和尚注视原一平良久，接着又说："人与人之间，像这样相对而坐的时候，一定要具备一种强烈吸引对方的魅力，如果你做不到这一点，将来就没什么前途可言了。"

原一平哑口无言，冷汗直流。

老和尚又说："年轻人，先努力改造自己吧！"

"改造自己？"

"是的，要改造自己首先必须认识自己，你知不知道自己是一个什么样的人呢？"

老和尚又说："你在替别人考虑保险之前，必须先考虑自己，认识自己。"

※ 大道理

只有正视自己，彻底反省，然后才能正确地认识自己，改造自己，最后修成正果。

齐瓦勃

齐瓦勃出生在美国乡村，由于家境贫寒，他只受过很短的学校教育。15 岁那年，他到一个山村做了马夫，但齐瓦勃无时无刻不在寻找着发展的机遇。3 年后，齐瓦勃到钢铁大王卡内基所属的一个建筑工地打工。

一踏进建筑工地，齐瓦勃就抱定了要做同事中最优秀的人的决心。当其他人因工作辛苦、薪水低而抱怨的时候，齐瓦勃却默默地积累着工作经验，并自学建筑知识。

他的努力没有白费，不久，齐瓦勃被升任为技师。有些人讽刺并挖苦齐瓦勃，但他想：我不光是在为老板打工，更不单纯为了赚钱，我是在为自己的梦想打工，为自己的远大前途打工。我要使自己工作所产生的价值，远远超过所得的薪水，只有这样才能获得机遇！

抱着这样的信念，齐瓦勃一步步升到了总工程师的职位上。25 岁那年，齐瓦勃又做了这家建筑公司的总经理。几年后，他又被卡内基任命为钢铁公司的董事长。

后来，齐瓦勃终于自己建立了大型的伯利恒钢铁公司，并创下了非凡的业绩，真正完成了从一个打工者到创业者的飞跃。

※ 大道理

如果你认为是在为别人工作，就只能为别人工作。只有为自己工作的人，才能成就一番事业。

机智的赫鲁晓夫

赫鲁晓夫上台后，在一次开会时，又一次批判斯大林的错误。这时，从听众席上递来一张条子。赫鲁晓夫打开一看，上面写着：“那时候你在哪里？”这是一个非常尖锐的问题，赫鲁晓夫的脸上很难堪，他很难做出回答。但他又无法隐瞒这个条子，台下成千双眼睛已盯着他手里的那张纸，等着他念出来。

赫鲁晓夫沉思了片刻，拿起条子，大声念了一遍条子的内容。然后望着台下，大声喊道：“谁写的这张条子，请你马上站起来，走上台。”

没有人站起来，所有的人心怦怦地跳，不知赫鲁晓夫要干什么，不知道等待写条子人的会是什么惩罚。

赫鲁晓夫又重复了一遍他的话。全场仍死一般的沉寂，大家都等着赫鲁晓夫的爆发。

几分钟过去了。赫鲁晓夫平静地说：“好吧，我告诉你，我当时就坐在你现在的那个地方。”

赫鲁晓夫就这样用他机智的圆场术为自己解了围，同时也让人理解了他当时的处境。

※ 大道理

巧妙地圆场，是化解危机的有效手段。只要多加练习，窘境也许就是你展示机智和幽默的舞台。

勇敢的母亲

一个年轻的母亲下楼去买菜，把 5 岁的孩子独自留在 15 层的家里。当她买菜回来，路过自家楼下时，看见一个小小的身影正从楼上坠落。那件鲜亮的黄色小上衣让她触目惊心。母亲一下子明白，那是她的孩子！母亲飞一般地冲向那个迅速下落的小小身影，这时，奇迹发生了，目击者谁也不敢相信自己的眼睛：她扑倒在地上，稳稳地接住了孩子！孩子得救了。

为此事，日本研究者曾做过数次试验，请几名短跑运动员再现当时的情况，但无一人能够成功接住落体。

※ 大道理

一位平凡的母亲，却创造了即使是专业的运动员也不能创造的奇迹。这个真实的故事充分说明人的潜能是无限的。

林肯的故事

这是林肯在一封给朋友的信中讲述的自己幼年的一个经历：我父亲在西雅图有一处农场，地里有许多石头。正因如此，父亲才以较低的价格买下了它。有一天，母亲建议把石头搬走。父亲说，如果可以搬走的话，主人就不会把农场卖给我们了。它们是一座座小山，都与大山连着。有一天，父亲去城里买马，母亲带我在农场劳动。母亲说，我们把这些碍事的东西搬走好吗？于是我们开始挖那一块块石头。没用多长时间，就把它们搬走了，因为它们并不是父亲想象的山头，而是一块块孤零零的石块，只要往下挖一英尺，就可以将它们晃动。

林肯在信的末尾说，有些事情人们之所以不去做，只是他们认为不可能。而许多不可能，只存在于人的想象之中。

※ 大道理

成功 5% 靠决策，95% 靠行动。

当今世界上最成功的潜能开发专家安东尼·罗宾说："因为我恐惧，所以我必须立刻行动——朝着想要的方向奔跑！"可见，只要行动就有可能实现目标，只要行动便能有收获。

洛依德和女工

电影明星洛依德将车开到检修站，一个女工接待了他。女工熟练灵巧的双手和秀美的容貌一下子吸引了他。

洛依德相信，整个巴黎都认识他，但这位姑娘却丝毫不表示惊慌和兴奋。

他禁不住问那位姑娘："您喜欢看电影吗？"

"当然喜欢，我是个影迷。"姑娘头也没回地答道。

"您可以开走了，先生。"她手脚麻利，不大一会儿就修好了车。

洛依德却有点依依不舍："小姐，您可以陪我去兜兜风吗？"

"不！我还有工作。"姑娘非常认真。

洛依德坚持："这同样也是您的工作，您修的车，最好亲自检查一下。"

"好吧，是您开还是我开？"姑娘问道。

"当然我开，是我邀请您的嘛。"洛依德有点沾沾自喜。

车行驶了一段距离，姑娘说道："看来没有什么问题，请让我下车好吗？"

"怎么，您不想再陪陪我了吗？我再问您一遍，您喜欢看电影吗？"

"我回答过了，喜欢，而且是个影迷。"姑娘耐着性子回答。

"您不认识我？"洛依德笑着问她。

"怎么不认识，您一来我就认出您是当代影帝阿列克斯·洛依德。"

"既然如此，您为何这样冷淡？"洛依德有点不解。

"不！您错了，我没有冷淡。只是没有像别的女孩子那样狂热。您有您的成就，我有我的工作。您来修车是我的顾客，如果您不再是明星了，再来修车，我也会一样地接待您。人与人之间不应该是这样吗？"

洛依德沉默了。在这个普通女工面前他感到自己的浅薄与虚妄。

"小姐，谢谢！您使我想到应该认真反省一下自己的价值。好，现在让我送您回去。"

※ 大道理

高傲是在自视比他人优越的谬误中产生的喜悦。既然如此，就不要骄傲自大或者妄自菲薄了，因为，这两种态度都是对自己的生活与价值的忽视。

不找借口的莱瑞·杜瑞松

《没有任何借口》一书中有这样一个小故事：

莱瑞·杜瑞松在第一次奉命去外地服役的时候，有一天被连长派到营部去，交待给他 7 个任务。他得去见一些人、请示上级一些事，还有些东西要申请，包括地图和醋酸盐（当时醋酸盐严重缺货）。杜瑞松决心把 7 个任务都完成，虽然他对怎么去做并没有把握。

果然事情并不顺利，问题就出在醋酸盐上。他滔滔不绝地向负责补给的中士说明理由，希望他能从仅有的存货中拨出一点。杜瑞松一直缠着他，到最后不知道是被杜瑞松说服了，相信醋酸盐确实有重要用途，还是眼看没有其他办法摆脱杜瑞松，中士终于给了他一些醋酸盐。

杜瑞松去向连长复命时，连长并没有多说话，但是很显然他有些意外，因为要在短时间里完成7个任务确实非常不容易。或者换句话说，即使杜瑞松不能完成任务，也是可以找到借口的。但他根本就没有想到去找借口，他心里根本就没有过失败的念头。

后来，莱瑞·杜瑞松升为了上校。

※ 大道理

有很多人正在把宝贵的时间和精力放在了寻找一个合适的借口上，而忘记了自己的职责和责任。这样的人，注定只能是一事无成的失败者。切记：不要让借口成为你成功路上的绊脚石！

守财奴的悔悟

有一个守财奴，他一生吝啬节俭，积攒了100万元。

有一天死神突然降临，要夺去他的生命。守财奴这才意识到自己没有好好享受过人生，他对死神说：“我把我财富的三分之一给你，你卖给我一年活着的时间吧。”

死神冷冷地对他说：“这是绝对不可能的。”

守财奴以为死神嫌钱少：“那我把50万元给你。”

死神的口气不容商量：“不行。”

守财奴急了：“那我把全部财产都给你好了！”他甚至是在恳求了。

死神依旧说不行，守财奴提出了最后一个请求："那请给我一分钟的时间吧，我要写份遗嘱。"

守财奴用颤抖的双手艰难地写下一行字："请记住，你所有的财富买不到一天时间。"

※ 大道理

金钱可以储蓄，而时间不能储蓄。金钱可以从别人那里借，而时间不能借。人生这个银行里还剩下多少时间也无从知道。因此，时间更重要。真正富有的人是用时间衡量价值所在，而不是用金钱衡量，当你认识到时间的宝贵时，你将变得更富有。

利特的习惯

利特在年轻的时候，有一回曾把车停在佛蒙特州南部的森林里，一位附近的农夫倒车时不小心将利特的汽车撞扁了一块，而利特并不在场。当利特前往取车时，发现车窗上贴着一张纸条，上面工工整整地写着一行字："我们等着你。"下面是一个电话号码。

当利特就农夫主动承担责任的精神表示感谢时，农夫和妻子平淡地回答说："这是我们做事的习惯。"

许多年过去了，利特决定再次拜访那对夫妇的农舍。

但利特已经不记得具体的地址了，于是他停下车，向路人描绘着记忆中的农场。路人笑着对他说："我们这个州有 1/3 的地方类似这样，先生，除非你能说出具体名称。"

"许多人都会这样干的，这是我们做事的习惯。"一个老妇人听利特复述往事后这样说。

正当利特不知所措时，一对陌生夫妇走了过来："对不起，先生，打搅你一下。"原来他正为自己的车钥匙被锁进了汽车而苦恼。

利特请他们上了自己的车去城里把一个锁匠从城里带回了野餐营地。这对夫妇感激地对利特说："你真好。"

利特笑着回答："这是我们做事的习惯。"接着就把当年的故事告诉了他们，并倾诉了寻找无着的懊恼。

此刻，那位夫人甜甜地插上一句："寻找？您已经寻找到了这里的'习惯'。"

※ 大道理

帮助他人就是帮助自己。

两只老虎

一只笼养老虎和一只野生老虎相遇了，攀谈之后，两虎都了解了对方的生活情况。

听笼养老虎说它从来不用自己捕食，主人总能给它提供新鲜的肉类时，野生老虎羡慕极了：

"老兄，你真是太安逸了，用不着挨饿，也用不着打斗。你看看我这一身伤，在森林里生活真是不容易啊，什么时候我才能过上你那样的生活啊。"

听到这里，笼养老虎立刻摇了摇头：

"你羡慕我？我还羡慕你呢，你是多么自由自在啊。我虽然衣食无忧，却不能像你那样想去哪里就去哪里。唉，什么时候我才能过上你那样的生活啊。"

野生老虎一听，心想正合我意，所以随口说道：

“既然我们都向往对方的生活，不如换一换活法，我进你的笼子，你去我的大森林，怎么样？”

笼养老虎听到这个建议，顿时喜出望外，于是两虎一拍即合，笼养老虎一路欢腾地跑进了大森林，而野生老虎则得意地钻进了笼子。

但是没过多久，两只老虎都死了，一只是因为饥饿，一只是因为忧郁。笼养老虎虽然获得了自由，却苦于没有捕食的本领；野生老虎过上了梦想中的安逸日子，却失去了享受大自然的机会。

※ 大道理

倘若在羡慕他人的幸福中迷失方向，你就会对自己所拥有的幸福熟视无睹。因为别人的天堂有可能是你的地狱。

电器商店老板的保险

奥运会，这一全球体育盛会，不但为各国体育健儿提供了一个发挥自己特长为国争光的赛场，也为有智慧的人提供了无限的商机。1992 年的巴塞罗那奥运会就让西班牙的一家电器商店老板大赚了一笔。这家电器商店老板在奥运会召开前向巴塞罗那市民宣称：“如果西班牙运动员在本届奥运会上得到的金牌总数超过 10 枚，那么顾客自 6 月 3 日到 7 月 24 日，凡在本商店购买电器，就都可以得到退还的全额货款。”显然，此时在这家电器商店买电器，就等于抓住了一次可能得到全额退款的机会。这一消息让巴塞罗那市民，乃至西班牙人活跃起来，人们争先恐后地到那里购买电器。虽然店里的电器价格较贵，但商店的销售量却大幅度地猛增。

到了 7 月 4 日，西班牙的运动员就获得了 10 枚金牌，该商店老板的承诺必须兑现了。当顾客纷纷询问商店什么时候履约时，老板从容不迫地说：“从 9 月份开始兑现退款。”此时距奥运会结束的时间还有 20 天，那么在后 20 天内购买的电器无疑也得退款，于是人们比以前更加卖力地抢购电器。看情形，老板恐怕是非破产不可了！

可是这正是老板求之不得的结局。原来老板在发布广告之前，先去保险公司投了专项保险。保险公司的体育专家经过仔细分析，一致认为西班牙获得的金牌数不可能超过 10 枚。因为往届奥运会，西班牙得到的金牌数最多也没超过 5 枚，于是保险公司接受了这个保险。

现在大家知道了吧，不管得到多少块金牌，电器商店的老板都是只赚不赔：西班牙的金牌总数不超过 10 枚的话，很明显电器商店发了一笔大财；西班牙的金牌总数超过 10 枚的话，电器商店要退的货款将全部由保险公司赔偿，电器商店无疑发了更大一笔财。

※ 大道理

善于创造机会、把握机会、利用机会的人，就是最能干的人。这是经商的智慧，也是做人的智慧。

肯原谅人的乔治·罗拉

乔治·罗拉在二战期间逃到瑞典，当时他很需要找份工作，他自认通晓好几国语言，所以他希望能够找一家进出口公司谋一份秘书工作。但由于战乱，绝大多数公司都回信告诉他，不需要这一类人才，不过他们会把他的名字存在档案里。唯有一家公司给乔治·罗拉的回信中写道：“你对我生意的了解完全错误，你既蠢又笨，我根本不需要任何替我写信的秘书。即使我需要，也不会请你，因为你甚至连瑞典文也写不好，信里全是错误。”

当乔治·罗拉看到这封信时，气得也写了一封回信，目的是想使那个人大发脾气，但当他要装入信封里时他就停下来对自己说："我怎么知道人家说的不对呢？我虽然学习过瑞典文，可并不精通，也许我确实犯了很多我并不知道的错误。如果是这样的话，那么我想得到一份工作，必须再努力学习。这个人可能帮了我一个大忙，虽然他本意并非如此。他用这种难听的话来表达他的意见，也并不是他的错啊，所以我倒应该写封信给他，在信里感谢他一番。"

想到这儿，乔治·罗拉撕掉了他已经写好的那封骂人的信，另外写了一封表示感谢的信。

过了几天，乔治·罗拉又收到了那个人的回信，他邀请罗拉去他们那里看看。罗拉去了，而且得到了一份向往以久的工作。

乔治·罗拉由此发现，"原谅伤害自己的人也会避免自己受到更深的伤害，或许还能得到别人的帮助，助你走上成功之路"。

※ 大道理

只有勇敢的人才懂得如何宽容。一时的冲动可能会造成令你后悔终生的结果，用超然大度的心去原谅别人的过错，得到的会是幸福与快乐。

百丈怀海

百丈在继承了师父的道统后，制定了"百丈清规"，强调禅师一定要劳作，自己养活自己。他还说："一日不作，一日不食！"并且他也一直按照自己说的那样去做，甚至在 94 岁高龄时，仍然坚持劳作。

弟子们都不忍心，却不敢劝老师，因为以前有弟子劝他时都被他狠狠地斥责了一顿，他们只好将老师的工具藏起来。

第二天，当他们若无其事地干活的时候，发现老师果然没有来，很是高兴。可是，要吃饭的时候，百丈怀海突然说："我没有什么德行，又怎么敢让别人养着我呢？"说着竟离开了，饭也没有吃。

已经两天了，弟子劝说也没用，他还是不吃饭。弟子们没办法就将他的工具恭恭敬敬地送到他的面前。百丈能干活了，就不再绝食。从此，他"一日不作，一日不食"的清规就成了禅的原则。

※ 大道理

劳作是生命应有的义务，生命也会因为劳动而变得更有意义。

龙潭崇信的饼

龙潭崇信出家前以卖饼为生。有一年，他来到了一个小镇，他想找一个地方安身，就耐心地各处求告，但没人愿意提供。

道悟知道了这事后，就把寺庙旁的小屋借给他住。他为了表示感激，每天给道悟送十个饼。但奇怪的是，道悟每次收下他的饼之后，都要剩下一个还给龙潭崇信。

时间久了，龙潭崇信忍不住就想问一下。这天，他拿着道悟留下来的饼，站在道悟的面前，准备问清楚。道悟说道："这个饼是我送给你的，希望你子孙昌盛。"说话的时候脸上带着真诚的微笑。

龙潭崇信更加不解地问："这饼明明是我送给您的，为什么您又送还给我呢？"

"是你送来的，又还给你。这有什么不对的吗？"龙潭崇信一震，觉得多年来心中隐隐约约要寻找的东西，今天好像摸到了一点边。原来，这本来就是自己的东西，就在自己的心中呀。

※ 大道理

禅能让人在一瞬间就领悟多年纠缠在心中的东西。在纷繁复杂，物欲横流的现代社会，我们更需要守着自己的本心，不让自己的心迷失。

人生三昧

云门文偃要在佛殿上说法，四下里一片静悄悄。云门文偃说："我应该说吗？我什么都不应该说。我要告诉你们的是，你们不要陷入其中，不要刻意地去印证自己心中所想。"

"人生本来无事，所谓的世间纷杂，所谓的众生皆苦只是一些人的庸人自扰，只是在逃避人生。我们只要敢于承担，自觉地活着，勇敢地面对世界，我们就会没有烦恼，就可以明白人生的真谛。"

他继续说："千万不要刻意地寻言追句，陷入文字的迷障。文字怎么会有人生的真谛？诸祖诸法皆无言语，否则何必要以心印心呢？……"

黄昏渐渐来临了，大家依然在师父那安详的语调中安静地体味着世界和人生。突然，云门禅师问道："祖师说：秘藏就在自己心中。他只带一只灯笼进了佛殿，如何把三个庙门都放上？"

大家都不说话。最后云门禅师说："三乘就是一乘，万法只是一法，不要执着，不要钻牛角尖。"又过了良久，有一个弟子忽然问道："请问师父，如何是人生三昧？"

云门文偃和蔼地说："人生的真谛就是当下活着的滋味。钵里饭、桶中水是人生三昧；笑中泪、哀中乐同样是人生三昧。"

※ 大道理

人生就是当下活着的滋味，不要千般思量、万般谋划，更不要执着于别人的说教，以及自己所谓的烦恼和痛苦。做到这样，心中自会清明，也就会有真实而洒脱的人生。

生死在身

云门文偃剃度受戒十数载了，仍然不见佛法大道，还经常会被“人生是什么”的问题问倒。“生命何来？”“死后向何处去？”这些问题一直都重重地压在他的心中，折磨着他。他看见世界的万物生灭，却怎么也参不透自己的生命是怎么回事。

最后，他决定四处云游拜访大德高僧，去求教人生真谛。很多年后，他来到了睦州。他要去参谒著名的睦州禅师。

当时，睦州禅师正在参禅，一看见云门文偃来了，就关上了自己寺院的门。云门文偃尽管很奇怪，还是去敲门。睦州禅师在门里面问道：“谁呀？”

“嘉兴空王寺来的文偃和尚。”

“干什么的？”

“我还没有悟见自性，不能明白人生的真相。请求睦州禅师指示精义。”

门忽然开了，云门文偃还没弄明白怎么回事就被睦州禅师一把抓住胸口。只听见睦州大声地说：“说！快说！”云门文偃不知要说什么，只是觉得有点痛又不好意思喊，就只有沉默。看他没有什么话说，睦州禅师就一下子将他推倒在地，马上把门关上了。

云门文偃不甘心就再敲门，里边再没有声响。他就在寺院的门外露宿了一夜，第二天，继续敲门，还是和第一天一样。就这样，他连敲了三天门。

第三天，他下定决心，只要睦州禅师一打开门，就赶紧挤进去。果然，门又开了，还没等睦州禅师抓住他，就一脚挤进了院门。但睦州禅师并不让他进去，而是在文偃迟疑的瞬间，一把将他推了出去，狠狠地关上门。

云门文偃那只挤进门的脚还没来得及抽出，就被夹在门缝中。在疼痛难忍的一刹那，云门文偃忍不住的喊出了一声。他心中一下子亮堂起来，终于明白了人生在何处，明白了生命的真谛：生死在身呀。

※ 大道理

“不识庐山真面目，只缘身在此山中。”人们不知道生命的真谛，就是因为人们正活在其中。其实，人生并不在执着的追求中，而是在于自己的生命，自己的心灵感受。

空谷足音

宋朝的时候，有一个地主，他对禅有一种深深的崇拜。他在生活中总是有着各种各样的事情缠身，不能过上自在的生活，他就去寻找禅师，以求得生活快乐无忧的秘诀。

他听说附近高山中住着一个著名的禅师，就入山拜访。山上静寂得要命，除了有时会有一丝风声从山谷口传来外，就只有自己的脚步声了。他听着自己的足音，寻找着禅师的住处。

后来，他终于找到了禅师，向禅师说明了来意后，问道：“大师，我想习禅，如何才能入门呢？”

禅师就问：“你来的时候可听到自己的足音了？”

“听到了。”

“那么，你就从这听到的足音进入禅门之径吧。”禅师微笑着对他说。

※ 大道理

“空谷足音”，其中不但蕴藏了一番诗意，还是一种禅家的境界。因为在不自觉间能叩响自然的声响，亦能体会到生命的本常。

无相何在

在金陵的崇孝寺，住持法师正在讲经，经书名“圆觉”。这时，寺院中的一个小和尚走上前来，深深拜了一礼，说：“请问师父，这经书何以称‘圆觉’呢？”

住持一听觉得这弟子智慧过人，就笑着说：“圆，即圆融有漏，将一切烦恼都消弭包容了；觉，即觉尽无余，天下人都受到感化，得到解脱。有限的烦恼圆融了，无尽的众生觉悟了，故谓之‘圆觉’。”

小和尚又说：“如果超脱人间境界，无有一切烦恼挂碍，空无空有，还有什么好圆觉的呢？”这小和尚就是太阳警幻，他的提问一时传为佳话。

不久，太阳警幻就离开金陵，四处云游，再求佛法进境。然而，他心有所求，总是不能开悟，总是觉得人间和生命是有相的，不能达到空有空无的无相。这一天，他来到四川的梁山寺，住持缘观禅师正在讲法，说的就是“无相”的事情。

于是，他就走向前说：“请问大师，如何是无相道场？”

缘观禅师沉默了一下，然后指了指墙上的观世音菩萨像，说道："这副挂像是吴道子亲笔手法，和尚以为如何？"

太阳警幻凝神细看，就在他要开口说出自己心中所想时，缘观禅师突然打断了他，大声说道："这些都是有相，究竟什么才是无相？快说！"

太阳警幻一下子醒悟过来了，此前种种执着全都放下了，心中的烦恼一下子就被这震人心魄的无相卷走了。蓦然，他想起了一句偈子：无去无来亦无住，了却本来自性空。

※ 大道理

大多时候，人们明明知道如何能解决问题，去除烦恼，但是就因为放不下，才无法解脱。这就需要一种顿悟的时机，悟到了也就解脱了。

仁者乐山，智者乐水

孔子对他的学生们说："聪明的人喜爱水，有仁德的人喜爱山。聪明的人性格就像水一样活泼，有仁德的人就像山一样安静。聪明的人生活快乐，有仁德的人会长寿。"

子贡便问孔子说："为什么仁人乐于见到山呢？"

孔子说："山，它高大巍峨，为什么山高大巍峨仁者就乐于见到它呢？这是因为山上草木茂密，鸟兽群集，人们生产生活所用的一切东西山上都出产，并且取之不尽用之不竭。山出产了许多对人们有益的东西，可它自己并不从人们那里索取任何东西，四面八方的人来到山上取其所需，山都慷慨给予，没有厚此薄彼。山还兴风雷做云雨以贯通天地，使阴阳二气调和，降下甘霖以惠泽万物，万物因之得以生长，人民因之得以饱暖。这就是仁人之所以乐于见到山的原因啊。"

子贡接着问道："为什么智者乐于见到水呢？"

孔子回答说："水，它普有一切生命的物体而出乎自然，就像是人的美德；它流向低处，蜿蜒曲折却有一定的方向，就像正义一样；它汹涌澎湃没有止境，就像人的德行。假如人们开掘堤坝使其流淌，它就会一泻千里，即使它跌赴万丈深的山谷，也毫不畏惧，就像人勇敢无所畏惧。它柔弱，却又无所不达。万物出入于它，而变得新鲜洁净，就像善于教化一样。这不就是智者的品格吗？"

※ 大道理

"仁者乐山，智者乐水"，仁者像山一样稳健和沉稳，智者如水一样灵活而充满灵气，这是儒家追求的理想的人生境界。

多言多败

孔子前往周室，去参观周朝的祖庙，看见祖庙的右边台阶前有一尊铜人，它的口部被封了三层，背后面有铭文说：

"这是古代一位慎于言语的人。小心啊！小心啊！不要多说话，说多了话，必然有闪失；不要多事，多事必然有灾祸。平安快乐的时候一定要小心，不要做使自己后悔的事情。不要以为没有妨碍，祸患将随之增长；不要以为没有危险，祸害将随之增大；不要以为没有危害，祸害将随之到来；不要以为没有人知道，天灾正在那里等待着对你的惩罚。小的火苗不扑灭，烈焰冲天便无可奈何，小的水流不堵塞，奔流成河便一筹莫展。长长的细线不截断，就将织成罗网，茂盛的树苗不砍除，就将变成巨木。如果出言不慎，就会埋下祸根。强横的人不会正常死亡，好胜的人一定会遇到敌手，盗贼怨恨主人，民众憎恶权贵。君子知道天下不可以一手遮盖，所以就对人退让一点，谦卑一点，使人亲慕自己。持一种谦卑、退让的态度，就不会有人能与自己争衡。人们趋向那边，我独坚守此处，众人心智迷乱，我独思想坚定。把智慧深藏心底，不与人争技艺长短，这样做，即使我地位高贵，也不会受到危害。江河之所以成为江河，是因为它卑下。上天没有特别厚爱的人，但是他一定佑助善者。小心啊！小心啊！”

看完以后，孔子回头对弟子们说：“记住这铭文。这些话虽然鄙俗，但是切中了事情的要害。俗话说：‘格外小心和谨慎，就如同身临深渊边缘，脚踩薄冰一样。’如果能够照这样立身处世，怎么会因为言语而遭到灾祸呢！”

※ 大道理

言谈是与他人交流的方式，不可不谨慎，因为很多祸事和变乱的发生，大都是言多必失的结果。

不能杀人之剑

从前，魏国人黑卵杀了来丹的父亲。来丹发誓要亲手用剑杀死黑卵。

一天，他的朋友问他：“你准备怎么报仇？”

来丹流着眼泪，说：“希望你能帮我出主意。”

朋友说：“我听说卫国人孔周家里有三把宝剑，是他的先祖从商王那里得来的。那宝剑威力无比，一个小孩拿着就可以吓退三军，你为什么不借来报仇呢？”

于是来丹到了卫国，拜见孔周，把自己的遭遇告诉了他。

孔周说：“我有三把宝剑，你随便选择一把。但它们都不能杀死人，你先听听它们的特点吧。”

来丹点点头。

孔周说："第一把剑名叫含光。人看不到它的形状，挥动的时候甚至感觉不到它的存在。它划过物体，不会留下痕迹，也无法觉察到。"

来丹问："第二把剑呢？"

孔周说："第二把剑名叫承影。在清晨即将天亮的时候，黄昏太阳即将落山的时候，对着北面仔细观察它，可以看到影子若隐若现，但无法分辨它的形状。剑锋划过，发出轻微的声音，并不感到疼痛。"

来丹说："敢问第三把剑？"

孔周说："第三把剑叫宵练，白天只见影子不见光芒，夜晚只见光芒不见影子。它十分锋利，划过物体，伤口立刻复合，虽然感到疼痛，但看不到血光。这三把宝剑，你准备选哪一把？"

来丹说："即使它们杀不死人，我还是请求用第三把剑。"

孔周说："剑虽然杀不死人，但可摧心。心若死了，身体还有什么用呢？你要记住，皮肤刀枪不入并不厉害，真正高妙的人，能够让自己的内心外物不侵，你即使用这三把宝剑，也无法伤害他们丝毫。"

※ 大道理

只有做到外物不侵入内心，喜怒哀乐无法干扰自己，才能让自己真正强大起来，不受任何伤害。

医生与战争

五代十国时期，有一个军医，医术非常高明，治好了不少伤兵。但是，在那样战乱的时代，战争就没有停止过。于是，这医生不断地将伤兵从痛苦中解救出来，又不断有新的伤兵送来。每天，他都会筋疲力尽，很晚才能睡。甚至有的时候，一个士兵会被治愈数次，最后还是要死在战场上。

最后，他崩溃了。他想：这个人要是命中注定要早死，我也是没有办法，何必要我来医治他们呢；如果我的医治有意义的话，他们为什么还要在战场上死去呢？

他想不明白军医的价值何在，于是，就找了一个理由，向军队辞去了职务。但是，就在离开的时候，来了一个新的军医。他就想自己不做，还有别人做，于是就急切的想知道做军医的价值。

后来这个医生就去拜访一个禅师，并跟着他参禅、修行，希望能解脱心中的烦恼。他每天随侍在禅师的身旁，日子久了，就明白了一个道理：凡事、凡物自有其理，各有其用，我们不用刻意求什么意义。这样就会心中轻松，过得开心快乐了。

于是，医生又辞别了禅师，准备再次到军队行医。禅师问医生：“你为什么又回去了？”

“因为我是个医生呀！”他回答。

※ 大道理

凡事、物自有其理，各有其用，人们不用刻意求什么意义。这样就会心中轻松，过得开心快乐了。

享受成功的过程

有一个人，他从小到大都是一名失败者，失败永远陪伴在他的身边。他感到很不公平，于是，他决定去询问智者成功是什么。

这个人翻山越岭，来到河边，见到一位老翁，就走过去问：“老人家，成功是什么？”那位老人就回答他：“成功就是能每天都钓到鱼。”

这位年轻人继续他的旅途，他渡过了河，来到了森林中，遇见一个正在赶路的中年男人，就问他：“成功是什么？”那个中年男人就回答他：“成功就是每天都能捕获野兽。”

他听了，就继续赶路。这个人穿过了森林，也穿过了沙漠，来到沙漠边缘，找到了智者，问：“成功是什么？”智者很慈祥地回答：“成功是生活，成功是经验，成功是汗水。年轻人，不要执着于成功，而应享受成功的过程。”年轻人听了，顿时明白了，就辞别智者，回家去了。

※ 大道理

风雨过后，未必会见到彩虹；但在彩虹之前，必先经历风雨。只要你肯付出努力，还能勇于享受失败带来的挫折，就一定会成功。

应事无方

从前，鲁国一个姓施的人有两个儿子，一个爱好学问，一个爱好兵法。爱好学问的，去了齐国，齐王让他做了太子的老师。爱好兵法的，到了楚国，楚王让他做了将军。他们的俸禄足够让家中富裕，爵位也足够让他们的亲戚感到荣耀。

施氏的邻居孟氏也有两个儿子，所学的也和施氏两个儿子相同，但十分贫穷。他们非常羡慕施氏的富有，前往他家请教。施氏两个儿子把情况告诉他们，他们十分高兴，一个前往秦国，一个前往卫国。但他们不仅未得到富贵，反而一个受到宫刑，一个遭受刖刑。

孟氏父子十分愤怒，以为施氏两个儿子欺骗他们，前往施家责备施氏两个儿子。

施氏两个儿子听了，说："凡是顺应时势的就昌盛，与时势相悖的就灭亡。你们所学的与我们相同，但遭遇却和我们相反，是与时势相悖的缘故，并不是你们的行为错误。况且天下没有永久不变的道理，也没有永远正确的事情。先前所用的，今天或许已经废弃；今天所废弃的，明天或许又会用到。用与不用，并无一定的道理。抓住机会、迎合时势，应付事情没有固定的方法，这属于智谋的范畴。智谋不足，即使像孔子这样博学、姜太公这样用兵如神的人，也会穷困，何况你们呢？"

孟氏父子愤怒的神色立刻不见了，说："我们明白了！"

※ 大道理

顺时者昌，逆时者亡。天下没有永久不变的道理，也没有永远正确的事情。只有抓住机会、迎合时势，不断改变自己的方法，才能无往而不利。

谦逊戒盈

孔子去周室宗庙参观的时候，看见一个非常奇巧的器皿。孔子便询问守护宗庙的人说："这是什么器皿呢？"

守护宗庙的人回答说："这是放在君主座位右边，让君主自警的一种器皿。"

孔子说："真是幸运啊！我能看见这个器皿。"

看到老师感叹的神情，学生们都大惑不解，孔子就回头对弟子们说："往里面注水。"他的弟子就舀来水，开始往里面灌，灌到一半之后，器皿还能保持端正。但是灌满了之后，器皿便倒了，里面滴水无存。

孔子便喟然叹息说："唉，这就是盈满的人的下场吧！"

子贡在旁边问道："老师，给我讲讲盈满的道理吧。"

孔子说："太多了它就减少。"

子贡又问："那么什么是太多了就减少呢？"

夫子回答说："物品繁盛到了极点就会衰亡，高兴到了极点就会有悲伤的事情发生，太阳到了中午的时候就会往下移，月亮圆了之后就会开始缺损。因此，头脑聪明的，要用示笨的方法来保持；功盖天下，要用退让来保持；勇力出众，要用怯惧来保持；富有四海，要用谦逊来保持。这就是所谓的自退自损的办法。"

※ 大道理

"满招损，谦受益"，谦逊不仅能体现对他人的尊重和重视，还能促进自身的充实与完善，有利于建立和谐的人际关系。

三人行，必有我师

孔子周游列国的时候，很多人都追随着孔子，想拜孔子为师。鲁国有个叫叔山无趾的人，他犯了法被砍掉了一只脚，他遇见孔子以后也一直跟在孔子的后面，想拜孔子为师。

见到孔子以后，孔子对他说："你做事不谨慎，已经因为犯罪而被砍掉了一只脚，即使你现在找到了我也补救不了，有什么用呢？"

叔山无趾回答说："我只是因为不明白事理，所以才会失去脚。现在我找到你，是因为还有比脚更为尊贵的东西存在，我要保全它。没有天覆盖不到的地方，万物都被地所承载，我本来把夫子当成天地，没有想到夫子您是这样的态度！"

孔子听后，非常惭愧地对叔山无趾说："我孔丘实在浅薄，先生怎么不坐下来呢？请您把您知道的道理都讲出来，我会非常认真地听。”

但是叔山无趾没有理会孔子就走了。

孔子就对弟子们说：“我今天竟然犯了这样大的过错，怎么能够根据以前的善恶来判断人呢？像叔山无趾这样因为过错而断了一只脚的人，都还努力求学以弥补以前的错误，何况是没有过错的人呢！我们一定要记住啊。即使只有三个人在一起走路，他们中间也一定有人可以做我们的老师。要学习他们身上的优点，把他们的缺点当作自己的借鉴而改掉，只有这样才能使自己不断进步啊。”

※ 大道理

人的地位不是由财富决定的，而是由他的道德水平和学问水平决定的。要提高自己就需要不断地学习，就要奉行“三人行必有我师”的原则。

知其不可为而为之

孔子知道弟子们因为在陈蔡受困的事情上很丧气，于是孔子就把他们召集在一起讨论这件事情，孔子说：“《诗经》上说‘不是犀牛也不是虎，却在旷野上奔逐是不对的’，难道是我的主张错了，不然为什么处于这种境地呢？”

子路率先回答说：“想来是因为我们还不够仁爱不够睿智，所以人家才不相信我们，不放我们过去。”

孔子说：“如果真的是这个原因的话，伯夷叔齐怎么会在首阳山饿死呢？比干又怎么会被挖心呢？”

子贡接着说：“可能是因为老师的主张不能够被容纳。老师是不是应该稍微改变一下自己的主张？”

孔子反驳说：“好的农民能种庄稼，却不能保证庄稼丰收；好的工匠能巧夺天工，却不能保证每个人都满意；君子能修其道，但是却不能保证一定会被容纳。端木赐，你的志向也太不远大了。”

子贡非常惭愧地退回到自己的座位。这时颜回站起来说：“夫子的主张是因为太伟大了，所以才不被天下容纳啊。尽管如此，夫子仍应该宣传它、推行它，人们不容纳又有何妨呢？不容纳才证明您是一位不苟且求容的君子啊！没有什么思想主张是我们的羞耻，我们的思想主张很好却不被采用，这是统治国家的人的羞耻。”

孔子听了以后欣然笑着说：“确实是这样的。你说的对极了，颜回！我也知道自己的主张不能够实行，但我怎能因此而放弃我的主张呢！”

※ 大道理

只要认为应该去做的，就尽心竭力去做，毫不懈怠，在挫折失败面前，能泰然处之，即使失败了也并不因此而放弃自己的理想和原则。这样的人能不成功吗？即使不成功此生也无憾了！

忠恕之道

孔子在讲课的时候，忽然意味深长地对曾参说：“曾参啊，我的学说可以用一个根本的原则贯通起来。”

曾参回答说：“是的。”

子游又接着问孔子说：“夫子，有没有一个字我可以终身奉行呢？”

孔子回答说：“如果要终身奉行的话，那就是恕吧！”

孔子的其他门人都不知道他们说的是什么，但是孔子说完以后，并没有解释而是站起身来就走了。孔子走了以后，别的学生都围住曾参子游，问他们夫子的话是什么意思。

曾参回答说：“老师意思是说他的学说，其实就是忠恕罢了。”

曾参又接着举了自己的例子解释说：“我每天再三反省自己：替别人做事是不是尽心竭力呢？同朋友交往是不是做到诚实可信了呢？老师传授我的知识是不是复习了呢？竭心尽力就是忠啊。”

子游说：“推己及人就是恕啊，自己不愿意的，也不要强加给别人，你自己希望达到的目的和要实现的愿望，也要帮助别人达到。”

※ 大道理

与人交往要以诚待人，为别人办事要尽心尽力，而不能随便敷衍塞责，同时还要设身处地地为他人着想，按照自己至善的本性去待人。这样做的收获也肯定会出乎意料的。

以德修身

孔子说：“现在的人可以分为四类：庸人、士、君子、贤人。”

鲁哀公问孔子说：“请问怎样的可以叫做庸人呢？”

孔子说：“庸人是嘴里不能说好话，心里不知道忧虑，不知道选择贤人善士寄托自身并借以除去忧难，不知道该做什么，七情六欲支配着自己，这样的人可以叫做庸人。”

鲁哀公说：“很好，那么什么样的人可以叫做士呢？”

孔子回答说：“所谓的士是指，他虽然不能知道做事的全部方法，但是还能够有所遵循；虽然不能把事情做得十全十美，但是肯定有所处置。

他不追求知识的渊博，而追求知识的正确；不追求语言的冗杂，而追求所说的话正确；不追求行为的杂多，而追求所做的正确。所以他所掌握的知识，所说出的话，所做的事，就像生命和肌肤一样是不可更改的。因此富贵和贫困都不能影响他，这就是士。”

鲁哀公又问：“那么怎样才算是君子呢？”

孔子回答说：“说话忠诚守信，但是内心并不以为这是什么了不起的品德；做事讲究仁义，但是并不以此为骄傲；思虑明通，但是言辞上并不争强好胜；所以他舒舒缓缓得就像别人可以赶得上，这就是君子。”

鲁哀公说：“夫子说得对极了！您能告诉我怎样便可以是贤人呢？”

孔子回答说：“贤人是说，他做事合乎规矩，但又不违背他的本性；言论足以做天下的表率，但是又不会因此而损伤到自身；富有天下却并不蓄积财物，财物施舍给天下，但并不担心自己受贫。这样的人就可以叫做贤人了。”

※ 大道理

以德修身，以德养性，通过道德来提升自己、完善自己，这样才会达到君子和贤人的境界。

戴维的智慧

二战时期的美国经济非常不景气，当时的戴维是一个演员，但已经很长时间没有收入了。

一天，他走在街上，一个流浪汉向他乞讨：“先生，赏个小钱吧。”

戴维没好气地对那个流浪汉说：“别烦我，我也是身无分文。”在流浪汉转身要离开时，戴维发现他缺了一条手臂，但是脸色还比较红润，衣着也不破烂。戴维忙把他叫住："你知道为什么我不给你钱吗？因为你的境况看上去要比我好得多。"戴维把那个流浪汉带到住处，取出自己的化妆盒，开始向那人脸上涂抹油彩，一会儿工夫，那人脸上就出现了一副苍老和憔悴的面容，头发也被戴维剪得乱乱的。

戴维问："你昨天挣了多少钱？"

"4 元。"流浪汉回答。

"那今天看一看你能要多少钱吧。"

晚上，流浪汉来到了戴维的住所，对他说，今天要了 30 元钱，是他从前所得的 7 倍。没过多久，其他乞讨的乞丐也纷纷前来向戴维求助。于是，戴维向他们每个人收费 2 元。一年以后，戴维搬进了一所条件良好的住宅，有了一部汽车和一大笔银行存款，此后，他甚至忘记了自己当演员的职业。几个月后，他发现自己再难独撑下去，因此不得不去请几位演员同伴来做帮手。

一天，两万名乞丐在布朗克斯举行集会，这些人中，有 17000 人曾经是戴维的顾客，他们宣布："我们需要的是能为我们说话的受过教育的人。"戴维就这样成了市乞丐协会的秘书长。

※ 大道理

有了智慧，懂得运用这些智慧还不够，运用智慧的同时还要对这些智慧加以变通，使它更容易接近成功。

爱也无常

女孩每天都向佛祖祈祷，希望能再见到那个人。她的诚心打动了佛祖，佛祖显灵了。佛祖说："你想再看到踏春时那个惊鸿一瞥的男人吗？"

女孩说："是的，我想再看他一眼。"

佛祖说："你要放弃你现在的一切，包括爱你的家人和幸福的生活。"

女孩说："我能放弃。"

佛祖："你还必须修炼500年的道行，才能见他一面，你不后悔？"

女孩："我不后悔！"

女孩变成了一块大石头，躺在荒郊野外，400年的风吹日晒，苦不堪言，但女孩觉得没什么，难受的是400多年都没见到一个人，看不见一点点希望，这都让她快崩溃了。

最后一年，一个采石队来了，看中了她的巨大，把她变成一块巨大的条石，运进了城里，他们正在建一座石桥，于是女孩变成了石桥的护栏。就在石桥建成的第一天，女孩就看见了那个她等了500年的男人！

他行色匆匆，像有什么急事，很快从石桥的正中走过了，当然，他不会发觉有一块石头正目不转睛地望着他。男人又一次消失了。再次出现的是佛祖。

佛祖："你满意了吗？"

女孩："不！为什么？为什么我只是桥的护栏？如果我被铺在桥的正中，我就能摸他一下！"

佛祖："你想摸他一下？那你还得修炼500年！"

女孩："我愿意！"

佛祖："你吃了这么多苦，不后悔？"

女孩："不后悔！"

女孩变成了一棵大树，立在一条人来人往的官道上，这里每天都有很多人经过，女孩每天都在近处观望，但这更难受，因为无数次满怀希望地看见一个人走来，又无数次希望破灭。要不是有前500年的修炼，相信女孩早崩溃了。日子一天天地过去，女孩的心逐渐平静了，她知道，不到最后一天，他是不会出现的。

又是一个500年啊！最后一天，女孩知道他会来的，但她的心中竟然不再激动。来了，他来了，他还是穿着他最喜欢的白色的长衫，脸还是那么的俊美，女孩痴痴地望着他。这一次，他没有急匆匆地走过，因为天太热了。他注意到路边有一棵大树，那浓密的树荫很诱人，休息一下吧，他这样想，他走到大树脚下，靠着树根，微微地闭上了双眼，他睡着了。女孩摸到他了！他就靠在她的身边！但是，她无法告诉他，这千年的相思。她只有尽力把树荫聚集起来，为他挡住毒辣的阳光。千年的柔情啊，男人只是小睡了一刻，因为他还有事要办。他站起身来，拍拍长衫上的灰尘，在动身的前一刻，他回头看了看这棵大树，又微微地抚摩了一下树干，大概是为了感谢大树为他带来清凉吧。然后他头也不回地走了！就在他从她的视线消失的那一刻，佛祖又出现了。佛祖："你是不是还想做他的妻子？那还得修炼。"

女孩平静地打断了佛祖的话："我是很想，但是不必了。"

佛祖："哦？"

女孩："他现在的妻子也像我这样受过苦吗？"

佛祖微微地点点头。女孩微微地一笑："我能做到的，但是不必了。"

就在这一刻，女孩发现佛祖微微地叹了一口气，或者说松了一口气。女孩有几分诧异："佛祖也有心事？"佛祖的脸上绽开了一个笑容："因为这样很好。有个男孩可以少等1000年了，他为了能够看你一眼，已经修炼了2000年。"

※ **大道理**

人世间凡夫的爱：有分别，有执着，有纠缠，有苦乐。凡夫的心念变化无常，所以凡夫的爱也不能永恒。只有清净、平等、慈悲的爱才是永恒不变的。

山田本一的胜利

1984 年，日本选手山田本一出人意料地夺得了东京国际马拉松邀请赛冠军。面对他取得的惊人成绩，人们纷纷提出质疑。一位记者还专门采访了山田本一，问他是怎样取得这么好的成绩的。山田本一的回答是：凭智慧战胜对手。许多人都认为这个偶然跑到前面的矮个子选手是在故弄玄虚。

两年后，山田本一又获得了意大利国际马拉松邀请赛的世界冠军，当记者又问起那个问题时，他的回答仍是上次那句话：用智慧战胜对手。

因为山田本一不善言谈，记者也就没加追问，但是 10 年后却在山田本一的自传中得到了答案："每次比赛之前，我都要乘车把比赛的线路仔细地看一遍，并把沿途比较醒目的标志画下来，比如，第一个标志是银行；第二个标志是一棵大树；第三个标志是一座红房子……这样一直画到赛程的终点。比赛开始后，我就以百米的速度奋力地向第一个目标冲去，等到达第一个目标后，我又以同样的速度向第二个目标冲去。40 多公里的赛程，就被我分解成这么几个小目标轻松地跑完了。起初，我并不懂这样的道理，我把我的目标定在 40 多公里外终点线上的那面旗帜上，结果我跑到十几公里时就疲惫不堪了，我被前面那段遥远的路程给吓倒了。”

※ 大道理

要是多一些人具有山田本一的智慧，那么人生中也就不会有那么多的懊悔和惋惜了。因为，好多事情之所以会半途而废，不是因为难度大，而是因为目标离我们太远，让人倦怠了，所以就放弃了。

王安的遗憾

华裔电脑名人王安博士，6 岁时的一段经历使他记住了一个教训：只要是自己认定的事情，绝不可优柔寡断。

6 岁的王安在外面玩耍时发现了一个鸟巢被风从树上吹掉在地，从里面滚出了一个嗷嗷待哺的小麻雀。他决定把它带回家喂养。

当他托着鸟巢走到家门口的时候，他突然想起妈妈不允许他在家里养小动物。于是，他轻轻地把小麻雀放在门口，急忙走进屋去请求妈妈。在他的哀求下妈妈终于破例答应了。

王安兴奋地跑到门口，不料小麻雀已经不见了，他看见一只黑猫正在意犹未尽地舔着嘴巴。

※ 大道理

思前想后，犹豫不决固然可以免去一些做错事的可能，但也同样会失去更多成功的机遇。所以，只要是自己认定的事情，绝不可优柔寡断。

班超的故事

班超出使西域，首先到达鄯善。鄯善王一开始礼敬有加，可是没过几天，忽然冷淡下来。经过了解，班超才知道原来匈奴使者带领百余人来到了鄯善，鄯善王是受到了匈奴使者的要挟。

班超开始考虑对策。当时，他的随员只有36人。他把随员召集来喝酒，酒酣之际，班超故意借鄯善王之事激怒大家，众人都表示愿意听从班超的吩咐。班超听了大家的表态，就斩钉截铁地说："不入虎穴，焉得虎子。如今我们已经没有退路了，只有一举歼灭匈奴使者，威慑鄯善王，才能绝处逢生。"

到了夜里，恰好刮起了大风，班超带领部下趁着夜色奔向匈奴使者的营地，利用火攻，使得匈奴使者团全军覆没。

第二天，班超把匈奴使者的人头放在鄯善王面前，并劝他归附汉朝。鄯善王大惊，就答应归附汉朝，并把儿子送往汉朝做人质。

※ 大道理

不入虎穴，焉得虎子。不亲自经历险境，怎能获得成功？不经过艰苦的实践，也同样不能取得重大的成就。

沈从文的第一堂课

1928年，经徐志摩介绍，上海中国公学校长胡适同意聘用沈从文为中国公学讲师，主讲大学部一年级现代文学选修课。

当时，沈从文在文坛上已初露头角，在社会上也已小有名气，因此，教室里早已挤得满满的了。他站在讲台上，看见黑压压一片人头，心里陡然一惊，竟将要说的第一句话堵在嗓子眼里，他脑子里“嗡”的一声变成了一片空白。上课前，他自以为成竹在胸，既未带教案，也没带任何教材。

他呆呆地在那里站了近10分钟！教室里鸦雀无声！慢慢地，他平静下来，原先准备好的内容又开始在脑子里聚拢。他开始急促地讲述着，预定一小时的授课内容，竟被他用10多分钟就讲完了。他再次陷入窘境，只得拿起粉笔，在黑板上写道：我第一次上课，见你们人多，怕了。

于是，全堂爆发出一阵善意的笑声，胡适知道后，对沈从文的坦言和直率大加赞赏，认为讲课成功了！后来，沈从文找到了失败的症结，终于使自己讲课能挥洒自如了。

※ 大道理

坦言失败就是成功的开始。如果你在失败面前凄凄惶惶，自怨自艾，或者对自己的错误遮遮掩掩，不敢正视，那就永远只能陷入失败的泥沼不能自拔了。

造就卡耐基的一句话

卡耐基小时候是一个公认的非常淘气的坏男孩。在他9岁的时候，父亲把继母娶进家门。当时他们是居住在弗吉尼亚州乡下的贫苦人家，而继母则来自较好的家庭。他父亲一边向她介绍卡耐基，一边说：“亲爱的，希望你注意这个最坏的男孩，他可让我头疼死了，说不定他会在明天早晨以前就拿石头扔向你，或者做出别的什么坏事，总之让你防不胜防。”出乎卡耐基意料的是，继母微笑着走到他面前，托起他的头看着他，接着又看着丈夫说："你错了，他不是最坏的男孩，而是最聪明、但还没有找到发泄热忱地方的男孩。"继母说得卡耐基心里热乎乎的，眼泪几乎滚落下来。就凭着她这一句话，他和继母开始建立友谊。也就是这一句话，成为激励他的一种动力，使他日后创造了成功的黄金法则，帮助千千万万的普通人走上成功和致富的光明大道。因为在她来之前没有一个人称赞过他聪明。

※ 大道理

最残酷的伤害莫过于对自信心的伤害。不论你的孩子现在多么"差"，你都要多加鼓励，最大限度地给他能支撑起人生信念风帆的信任和赞美。这样，你的孩子就一定会步入成功的殿堂。

男子气概

一位父亲去拜访禅师，请禅师训练自己的孩子，因为他的儿子已经十五六岁了，可是一点男子汉气概都没有。禅师把孩子留下来，答应 3 个月以后，把他训练成真正的男人。

3 个月后，父亲来接孩子。禅师安排孩子和一个空手道教练进行一场比赛，以展示这 3 个月来的训练成果。

教练一出手，孩子应声倒地。他站起来继续迎战，但马上又被打倒，他就又站起来……就这样来来回回一共 16 次。

禅师问父亲："你觉得你孩子的表现够不够男子汉气概？"

父亲说："我简直快气死了！想不到我送他来这里受训 3 个月，看到的结果是他这么不经打。"

禅师说："我很遗憾你只看到表面的胜负。你有没有看到你儿子那种倒下去立刻又站起来的勇气和毅力呢？这才是真正的男子汉气概啊！"

※ 大道理

禅师说得对，受到打击后立刻能站起来是需要勇气和毅力的。被打倒不要紧，只要站起来比倒下去多一次就会成功了。

居里夫人和镭

居里夫人在她的"实验室"里搬成袋的沥青矿渣，把它们倒在一口煮饭用的大铁锅里，用粗棍子搅拌。由于居里夫人只是理论上推测但无法证明新元素镭，所以巴黎大学的董事会拒绝为她提供她所需要的实验室、实验设备和助理员，她只能在校内一个无人使用的四面透风漏雨的破旧大棚子里进行实验。她工作了 4 年，最初两年做的是粗笨的化工厂的活儿，不断地溶解分离，最后剩下的就是镭。经过 1000 多个日夜的辛苦工作，8 吨小山一样的矿渣最后只剩下小器皿中的一点液体，再过一会儿将结晶成一小块晶体，那就是新元素镭。当她满怀希望，抑制住激烈跳动的心朝那只小玻璃器皿中看时，她看到 4 年的汗水和 8 吨的沥青矿渣最后的结果只是一团污迹！

居里夫人疲倦地回到家，晚上她躺在床上，还在想着那团污迹，想找出失败的原因："如果我知道为什么失败，我就不会对失败太在意了。为什么只是一团污迹，而不是一小块白色或无色晶体呢？那才是我们想要的镭。"居里夫人像是对自己又像是对居里说话，突然，她眼睛一亮：也许镭就是那个样子，不像预测的那样是一团晶体。她起身跑到实验室，还没等开门，居里夫人就从门缝里看到了她伟大的"发现"：器皿里不起眼的那团污迹，此时在黑夜中发出耀眼的光芒。这就是镭！一种具有极强放射性的元素。

※ 大道理

为什么我们大多数人总是与成功失之交臂？那是因为当我们两只眼睛都盯住成功的招牌时，便无法保留一只眼睛正视自己、反省自己。

第二篇

小寓言　大道理

不自量力的青蛙

池塘边有两只青蛙，一天，小青蛙对老青蛙说："爸爸呀，我刚才碰到了一头可怕的大怪物哩。这个家伙大得像一座山，头上长了两只角，后面还有一条长毛的尾巴，它的蹄分成两只脚趾呢。"

"呸！呸！"老青蛙露出不屑的神气，"小孩子少见多怪。那不过是一头普通的牛而已，有甚么稀奇？它或者比我长得高一点，但我不费吹灰之力，就可以变得它那样大。你瞧着吧。"于是它鼓着气，把肚皮膨胀起来。

"是不是这样大？"它问小青蛙。

"不，那东西大得多呢。"

于是老青蛙再深深吸口气鼓起来，问小青蛙那头牛有没有这么大。

"它大得多呀，爸爸。"小青蛙又说。

于是老青蛙再三吸气，用尽了力去把肚子鼓得又大又实。它鼓呀鼓呀，胀呀胀呀，又向小青蛙问道："不用说，那头牛大概是这样……"说到这里，"呼"的一响，它的肚皮爆裂了。

※ 大道理

缺乏自知之明的人，往往会把"自己"放到最大，然后做自己力所不能及的事。这样做不仅得不到什么益处，还会受到世人的嘲笑，甚至给自己带来不幸。

最宝贵的财富

有一个年轻人，父母双亡，孤身一人，从小给地主家放牛，没有读过一天书。在他 20 岁时，地主给了他自由，却没有给他一分钱。青年人十分愁苦，不知道下一步该怎样养活自己。

他来到了庙里，问一位德高望重的老僧："我一无所有，该怎么办呢？"

老僧说："我给你一万两金子，换你的一只耳朵，你答应吗？"

青年人坚决地摇头，说："不答应。"

老僧又说："我给你两万两黄金，换你的双脚，你答应吗？"

青年人又摇头说："我不答应。"

老僧继续问："我用四万两黄金换你的双手，你答应吗？"

青年人连连摇头，说："我绝不答应。"

老僧接着问："那么我用 10 万两黄金换你的双眼，你答应吗？"

青年人说："无论用多少钱，我都不会答应。"

老僧说："年轻人，你已经拥有了这么多财富，还有什么可发愁的呢？"

年轻人思考了一会儿，终于醒悟。离开寺庙后，他花了 10 年时间学习经商之道，又花了 10 年时间办起自己的店铺，成了真正的富翁。

※ 大道理

即使是一无所有，也不要灰心丧气，因为我们还拥有最宝贵的财富，那就是自己。凭借自己的智慧和努力，我们可以创造奇迹。

孪生兄弟

有个父亲有一对性格迥异的孪生儿子，其中一个过分乐观，而另一个则过分悲观。这个父亲很想改造这对孪生兄弟。

于是，父亲买了许多外观美丽、色泽鲜艳的新玩具给悲观的那个孩子，又把乐观孩子送进了一间堆满马粪的车房里。

第二天清晨，父亲看到悲观孩子一脸愁容，便问:“为什么不玩那些玩具呢？”

“玩了就会坏的。”孩子伤心地说。

父亲叹了口气，走进车房，却发现乐观的孩子正兴高采烈地在马粪里掏着什么。

那孩子得意洋洋地向父亲宣称:“我想马粪堆里一定还藏着一匹小马呢！”

※ 大道理

乐观者在逆境中看到的是人生的希望，悲观者因为总是看到事物消极的一面，除了多有感慨外，还有就是丧失一切机会。

一只蜘蛛和三个人

雨后，一只蜘蛛艰难地向墙上已经支离破碎的网爬去，由于墙壁潮湿，它爬到一定的高度就会掉下来。它一次次地向上爬，又一次次地掉下来……

第一个人看到了，他叹了一口气，自言自语：“我的一生不正如这只蜘蛛吗？忙忙碌碌而无所得。”于是，他日渐消沉。

第二个人看到了，他说：“这只蜘蛛真愚蠢，为什么不从旁边干燥的地方绕一下爬上去？我以后可不能像它那样愚蠢。”于是，他变得聪明起来。

第三个人看到了，他立刻被蜘蛛屡败屡战的精神感动了。于是，他变得坚强起来。

※ 大道理

一位哲人说：“心态就是你真正的主人。”心态决定一切，积极的心态可以成就一个人，而消极的心态可以毁掉一个人。

渔夫和金鱼

从前，有个渔夫每天都去钓鱼。有一天，他又拿着钓竿来到海边钓鱼。忽然，钓钩猛地往下一沉，他急忙把钓钩拉上来，发现钓上来一条很大的金鱼。

金鱼对他说：“渔夫，请你放了我吧。我并不是什么金鱼，我是中了魔法的王子。”渔夫说：“一条会说话的金鱼，我怎么会留下呢？”说着，他就把金鱼放回水里。渔夫回到家把这件事告诉了他的妻子。

他的妻子问：“难道你没有提什么愿望吗？”

“没有，”丈夫回答说，“我该提什么愿望呢？”

妻子说：“快去告诉它我们要一幢小别墅，我敢肯定，它会满足咱们的愿望的。”

渔夫来到海边，他站在海岸上说：“金鱼啊，我放你时没提愿望，老婆对此却不饶不依。”

那条金鱼果真朝他游了过来，问道：“她想要什么？”

渔夫说：“她不想再住在那个小屋子里了，她想要一幢小别墅。”

“回去吧，”金鱼说，“她已经有一幢小别墅啦。”

渔夫便回家去了，他妻子已不再住在那个破破烂烂的渔舍里，原地上已矗立起一幢小别墅，她正坐在门前的一条长凳上。

有一天，妻子突然说：“这房子太小了，院子和花园也太小了。那条金鱼可以送咱们一幢更大一些的。我要住在一座石头建造的大宫殿里。快去找金鱼，叫他送咱们一座宫殿。”金鱼又满足了她的愿望。

第二天早晨，妻子又说，“咱们难道不可以当一当这个国家的国王吗？快去找金鱼，说咱们要当国王。”

渔夫只得走了出去。一想到老婆非要当国王，心里就感到特别担忧。他站在海边说：“金鱼啊，我放你时没提愿望，我老婆对此却不饶又不依。”

“她又想要什么呀？”金鱼问。

渔夫回答说：“她要当国王。”

“回去吧，”金鱼说，“她的愿望已经实现了。”

渔夫回到家对妻子说：“你现在真的当上了国王，往后咱们就不用再要什么了吧？”

“那可不行，”妻子回答说，“去找金鱼去，告诉他，我要控制太阳和月亮。”

渔夫无奈，又来到海边，对金鱼说了他妻子的愿望。

“回去吧，”金鱼说，“她又重新住进了那个破渔舍。”

说罢，金鱼一摇尾巴消失在了蓝色的大海里。

※ 大道理

贪婪是人性中的一部分，但是，那些不善于控制自己的人往往会由正常的人性发展为过分贪婪，而过分贪婪的人必将惹祸上身，两手空空，甚至玩火自焚。

龟兔赛跑

兔子天生善跑，而乌龟虽然也长了四条腿，却爬得很慢，所以，兔子一见乌龟就嘲笑它。

有一天，兔子又碰见乌龟，笑眯眯地说："乌龟，咱们来赛跑好吗？"乌龟知道兔子在开它玩笑，就生气地说："兔子，你别神气，跑就跑！"

兔子一听乌龟应战，差点笑破了肚皮："乌龟，你真敢跟我赛跑？那好，咱们从这儿跑起，看谁先跑到那边山脚下的大树下。预备！一，二，三……"

兔子一会儿就跑得很远了。它回头一看，已经快看不见乌龟了，心想："我在这儿睡上一大觉，它也追不上我。"兔子身子一歪，合上眼皮，真的睡着了。

兔子醒来后往后一看，还是不见乌龟的踪影。它以为乌龟还没赶上来呢，不紧不慢朝前跑。可是，就在它要到终点时，却看到乌龟已经爬到大树底下了。

※ 大道理

一个骄傲的人，最后只能是毁灭自己。头昂得越高，越容易被脚下的石头绊倒！

记住，骄傲是成功的大敌。

被困的水怪

遥远的大海的海岸上，有一个水怪被困在那里。

这个水怪平时生活在水中，身躯巨大，长着一对鼓眼睛，一口牙齿闪着锋利的白光，浑身披着鳞片，一天可以游好几千里路。而且，它还可以兴风作浪，当风雨大作的时候，它就可以飞腾起来，直上九霄，一般的鱼鳖虾蟹它根本就瞧不起。

可是水怪现在被潮汐冲上岸，困在沙滩里。水怪在陆地上是半步也挪动不了的，再加上它身体过于庞大，尽管它用尽全身的力气挣扎，仍然没有办法回到水中去。可怜这个水怪空有一身本领，却无法施展，连自己都救不了。

这时，几只水獭围拢来，见是水怪被困在那里动弹不得，就你一言我一语地嘲笑起它来。有的说："喂，大水怪，你为什么到这里待着来了？你平日的威风都到哪里去了呢？"有的说："水怪啊，原来你也有这样落魄的时候啊，还不如我们水獭，陆地和水里都能自由往来呢。你真是白白浪费了一身好本事啊！"

要是在平时，水怪才不把这群微不足道的水獭放在眼里呢，可是现在，它被困住了，无计可施，只好任凭水獭们戏谑嘲弄，心里十分窝火。

最后，一只颇有威信的老水獭开了口："水怪啊，你平日里总是看不起我们，完全不考虑我们也有尊严。现在你被困，知道是什么滋味了吧。只要你开口请求我们一句，我们就帮你回到水中，你要不肯开口，我们可就不管你啦！"水怪自恃清高，不愿丢这个脸，就扭过头去不理它们。

过了很久，水獭们又来了，对水怪说："水怪啊，我们就要离开这里了，这是你最后的机会，你愿意我们帮助你吗？”

这时候，其实只要稍稍借助一点外力，水怪的困境就能够解除，可是它怎么也放不下身份，说什么也不要帮助，说：“就算烂死在泥沙里，死得也像个英雄，我自己情愿这样。我可没有乞求别人帮助的习惯，你们用不着管我，爱上哪儿就上哪儿去吧。”于是，水獭们走了，其他可以帮它的动物见到这种情形也不来理睬它了，免得自讨没趣。

水怪就这样一直坚持着它可怜的自尊而被困在沙滩里，谁也不知道它最终是死是活。

※ 大道理

接受帮助并不是什么丢脸的事。要想成功就不能过于清高，那样的话就会孤掌难鸣，被困死在自尊里。

猫和狐狸

猫和狐狸外出去朝拜圣地，它俩打扮得像两个小圣徒，实际上是两个圆滑刁钻、阿谀奉承的伪君子，名副其实的骗子。它俩一路上尽干坏事，没少骗吃家禽和干酪，根本不花费自己一个铜子。

漫长的旅途十分枯燥无聊，用争论问题来打发时光是一个好办法。整日里，空旷的路上充斥着这两位的吵嚷声。在结束一个话题后，它们谈起了对方。狐狸对猫轻蔑地说道：“你自认为聪明，其实你懂些什么，我有的是锦囊妙计。”

“那有什么用，”猫说，“我的袋子里只有一招，但它足以赛过各种计谋。”

就在这时候，一群猎狗赶了来。猫对狐狸说：“朋友，现在就看你有什么锦囊妙计了，多动脑筋想想看，赶紧找一条逃生之计吧，对我来讲就看这一招了。”话音刚落，猫纵身跳到树上躲了起来。狐狸只得动脑筋想办法了，然而，它想出的上百条计谋根本不管用，不得已只得钻进许多个窝穴，找寻安全隐蔽之处，却没找到一个像样的地方。在受到烟熏和矮种猎狗的追咬后，狐狸冒险钻出了地面，随即被两只动作利索的狗捉住了。

※ 大道理

蹩脚的本事会得再多也没用！只有掌握一技之长，在关键的时候，才能镇定自若，逢凶化吉。

马、猴子和山羊

一匹骏马流落到深山中，孤独的它结识了一只猴子和一只山羊。深山中树林茂密，山路崎岖，马在这里几次被藤缠住，还有几次差点摔下悬崖。

猴子和山羊都嘲笑它，说它个头虽大但没什么本领。为了找到一小片草地，它不得不麻烦山羊为它探路；为了吃到树叶，它不得不让猴子帮忙。猴子和山羊虽暗中笑话它，但它们毕竟是善良的，还是热心地为马解决遇到的难题。

一天它们终于走出大山，来到了广阔的草原。马凭借灵敏的嗅觉，为山羊找到最肥美的草地，为猴子找到结满果实的瓜田，它们快乐地生活着。

一天夜里，一匹狼前来偷袭，猴子被逼到十分危险的境地，马嘶鸣着，让猴子爬到自己的背上，然后与山羊一起冲出去。当狼快要抓到速度不快的山羊时，马一蹄子把狼给踢了出去，受伤的狼灰溜溜逃走了。

※ 大道理

每个人的潜能是无限的，关键是要找到一个能充分发挥潜能的舞台。找不到适合自己的舞台，即便是“青年才俊”，也可能成为郁郁不得志的“落难英雄”。

狐狸智斗大灰狼

年迈的狮王犯了风湿病，躺在病床上一动也不能动，它指派大臣必须找到药来治它的衰老症。要向狮王解释它的要求是办不到的，大家既不敢也不可能。

大臣只好在百兽中聘请大夫，形形色色的医生汇集宫中，献祖传秘方的也络绎不绝，但在许多次的朝见中单单找不到狐狸，它销声匿迹，躲到哪里去了呢？大灰狼为了献媚，在狮王临睡前对狐狸的缺席肆意诽谤。狮王听信谗言后勃然大怒，马上下旨把狐狸捉到宫中。

狐狸被押进宫来，带到了狮王的寝榻前，它心里清楚这是大灰狼在使坏，让它遭受这不白之冤。狐狸说道：“陛下，臣以为有的奏折与事实极不相符。比如，说我故意不来朝拜陛下，实际上我是去朝拜圣地，祈求上天保佑陛下圣体康复，以了却我的心愿。在朝拜的长途跋涉中我曾遇到一些博学多才的君子，我向他们提及陛下身体欠佳，精力减退。他们告诉我说，其实您所缺乏的仅是一些热量，您年事已高当然要注意保暖。因此，只要您穿上一件新做的热呼呼的狼皮大衣，您的病情马上就会见好。您只要看得上，狼大人的皮就是一件上好的料子。”

狮工对这　提议十分赞同，马上下令生剥了狼皮，砍下四只脚。结果，狮王不仅披上了冒着热气的狼皮大衣，还把狼肉做了晚餐。

※ 大道理

21 世纪是一个倡导优势互补、资源整合、精诚合作的时代。只有这样才能在强大的竞争中拥有抗击风险的能力，假若一味互相攻击各不相让，很可能会大祸临头。而且，私下攻击别人的人，必定成为别人的攻击对象。

倒霉的猫头鹰

老鹰和猫头鹰停止了攻击，它们甚至互相拥抱以示亲热，并决定不再互相吞食彼此的孩子，一个用鸟中之王的信誉担保，一个则以枭族的诺言担保。

“你认得我的孩子吗？”猫头鹰问道。

“不。”

“真糟糕！”猫头鹰叹息道，“我很为孩子们的性命牵挂，保住它们的命真靠运气了。因为你是百鸟之王，不会把小事记在心上，假如你遇到我的孩子，而又不认识它们，那它们的小命一准送掉。”

“你把它们的样子讲给我听听，”老鹰提议说，“要不然指给我瞅瞅也行。我向你保证，我不会伤害你的孩子。”

猫头鹰以未来母亲的身份说道：“我的小东西长得娇小动人，漂亮可爱，它们有迷人的眼睛和动人的歌喉。单说这些特点你就能轻易地辨认清楚。请记好了，千万别忘掉，要不然，死神就会到我家中，把死亡降临在它们头上。”

没多久，猫头鹰有孩子了。有天傍晚，猫头鹰离开家外出给孩子寻食，老鹰正巧路过猫头鹰的住处，看到几个长得怪模怪样的小东西，它们面目丑陋，神态阴郁，发出的叫声阴森森的。老鹰见状说：“这应该不会是我朋友的孩子，把它们做了晚餐吧！”鹰这家伙干这种事从来都是干净利索，这顿饭吃得真可口啊。

不一会儿，猫头鹰回家了。天啊，它看见自己的心肝不知被谁吃掉了，伤心得昏了过去。别的鸟告诉它是老鹰吃掉了小猫头鹰，猫头鹰气得发昏，一直诅咒着这个丧心病狂的强盗。

这时有个声音对它讲：“你还是反省反省自己吧。人总是觉得自己的孩子漂亮可爱，比别人家的要好。谁让你在老鹰跟前把自己的孩子夸奖得像朵花一样？这与它们的本来面目相差太大，没有什么共同之处嘛，难怪会被错认。”

※ 大道理

要注意自己的每一句话是不是和事实相符。如果说话太离谱，吃亏的只能是自己。

游水之道

有一次，一位老师带着他的几个学生到吕梁游览观赏大自然的美妙景色。只见那瀑布飞流而下，溅起的水珠泡沫直达40余里以外。瀑布下来冲成一条水流湍急的河，在这里，就连鼋鱼、鼍鳖这一类水族动物都不敢游玩出没。然而，这位老师却突然发现一个汉子跳入水中。老师大吃一惊，以为这个汉子有什么伤心事欲寻短见，于是，他立即叫自己的学生顺着水流赶去救那个人。

不料，那汉子在游了几百步远的地方却又露出了水面，上得岸来，披着头发唱着歌，在堤岸边悠然地走着。

老师赶上前去，诚恳地问他说：“请问您游水有什么秘诀吗？”

那汉子爽快地一笑说："没有，我没有什么游水的秘诀，我只不过是开始时出于本性，成长过程中又按照天生的习性，最终能达到这种境地是因为一切都顺应自然。我能顺着漩涡一直潜到水底，又能随着漩涡的翻流而露出水面，完全顺着水流的规律而不以自己的生死得失来左右自己的行为，这就是我游水游得好的道理。"

老师又问道："什么叫做开始出于本性，成长中按照天生的习性，而有所成就是顺应自然呢？"

那汉子回答说："如果我生在丘陵，我就去适应山地的生活环境，这叫做出自本来的天性，如果长在水边则去适应水边的生活环境，这就是成长顺着生来的习性；不是有意地去这样做却自然而然地这样做了，这就叫顺应自然。"

老师听了汉子的一番话，若有所悟地点头而去。

※ 大道理

找到并掌握生活中的规律，做事就会得心应手，达到意想不到的效果。

胆小的猎人

从前，有个猎人，当别人上山打猎时他就待在自己家里。别的猎人猎到了兔子，就问他："你为什么不去打兔子呢？"

这个人回答说："兔子跑得快，我怕追不上。"

别的猎人又合力猎到了老虎，就问他："你为什么不去打老虎呢？"

这个人回答说："老虎太凶猛，我怕被吃掉。"

别的人就和他说："你不敢追兔子，又不敢打老虎，那你不要做猎人了，还是做农民吧，这样就不用怕了。”

于是猎人就做起了农民。可是，当别人下地干活时，他还是待在自己家里。别的农户种了高粱，就问他：“你为什么不种高粱呢？”

这个人回答说：“高粱怕涝，我怕雨水多。”

别的农户又种了水稻，问他：“你为什么不种水稻呢？”

这个人回答：“水稻怕旱，我怕天上不下雨。”

别的人收获了棉花，又来问他：“你为什么不种棉花呢？”

这个人很有道理地回答：“我怕种了棉花生虫子啊！我要确保安全。”

※ 大道理

歌德说：“失掉了勇敢，就会失掉一切。”

成功的路上处处有风险，做每一个决策都要冒可能失败的风险，但就像达尔文说的那样，“幸运喜欢照顾勇敢的人”。危险和希望并存，风险越大，胜利越大。倘要创立惊人的业绩，必须敢于冒险。

驴子的习惯

有一对父子住在山上，父亲是个瘸子，儿子是个瞎子，他们有一头老驴。每天，父子俩牵着驴子下山，都是儿子走在前面牵驴，父亲坐在驴背上指挥方向。

山路有一处很不好走，每当走到那个拐弯处时，父亲都会叫道：“儿子，拐弯，小心了！”于是儿子就小心翼翼地把驴子安全地牵过那处险弯。

可是有一次，父亲生了病，不能下山。儿子对他说：“您放心吧，在这条路上走了这么久，我虽然看不见路，单凭记忆也能走过去。”父亲只好让儿子独自牵着驴下山。

儿子牵着驴沿着路往山下走，一切都很顺利。这条路他走了十几年，其实没有父亲指路也不会有危险。但是，到了那处险弯，那头老驴停下了，任凭他怎么拉怎么拽也不肯挪动脚步。他对着驴子又是吆喝又是哄劝，老驴就是不买他的账，把他急得满头是汗，就是想不出办法。

突然，他灵机一动，学着父亲的语气叫道："儿子，拐弯，小心了！"

那驴就轻轻快快地往前走了。

※ 大道理

习惯的力量就是这么大！当你养成一个好的习惯时，你也就离成功不远了；但是如果你养成了一个坏习惯，你就会发现想成功是那么困难。

考验

有三个人因做了善事，先知决定给他们每人一个发财的机会，告诉他们在沙漠的深处有一个地方埋藏着宝藏，等上七七四十九天，宝藏会自动从地下长出来。

最先去的是善事做得最多的人，他来到先知预告的地点，那里除了漫漫黄沙、一眼泉水之外，别无他物。一天过去了，喜欢与人交流的他寂寞难耐，开始唱，三天后改为吼，五天后改为叫，空旷的沙漠一点反应也没有。十天过去了，他觉得自己的生命快完蛋了，就离开了沙漠。

第二个人来了，他带来许多书信，边等边读信，三天便把信读完了。当他把所有的信读到第五遍时，觉得无聊到了极点，便放弃了。

最后一个人来了，他就坐在那里等着奇迹出现，他穷尽自己的想象，猜想宝藏从地上生长的模样，无聊地度过了三十天，他忍耐着，日升月落，他开始回忆自己的人生历程，童年、少年、青年，一件件往事浮现在眼前。他忆起自己做过的好事时心花怒放，忆起做过的错事时痛心疾首，他忘记了时日，当他彻底想明白人生意义时，大地开裂，宝藏涌出，他获得了一切。

※ 大道理

成功需要付出耐心。在郁郁不得志时需要耐心，在困境面前需要耐心，在被人误解时需要耐心。

在成功的道路上，如果没有耐心去等待成功的到来，只好用一生的耐心去面对失败。

清醒的奥布赖恩

一个马戏团乘坐火车巡回演出。他们乘坐的车厢坏了，狮子跑了出去。经理召来了他手下身强力壮的人，并说："入夜之前，你们到林子里去找狮子。我会给你们一些酒，酒会给你们勇气的。"

所有人都喝了好几口烈酒。夜很冷，又很危险，需要勇气——但约瑟夫·奥布赖恩拒绝了。他说："我只要苏打水。"

经理反对说："但你更需要勇气！"

奥布赖恩回答道："这样的时候我更需要清醒的头脑。勇敢会有危险，我宁可做个懦夫，而保持清醒。"

※ 大道理

英雄不是莽汉，适当的时候要做一个"懦夫"，保持清醒的头脑，才

能在危险来临时理智判断，保护自己。

野狼磨牙

一只野狼卧在石头上勤奋地磨牙，它的牙齿磨得又光亮又锋利。狐狸看到了觉得特别妒忌，就对它说："天气这么好，大家都在休息娱乐，你干嘛这么辛苦啊？难道平时的努力还不够吗？赶快加入我们欢乐的队伍中吧！"

野狼没有说话，继续磨牙，把它的牙齿磨得更尖更利。狐狸开始奇怪了，问道："森林这么宁静，猎人和猎狗都已经回家了，老虎也不在附近徘徊了，没有任何危险，你何必那么用劲磨牙呢？"

野狼停下来回答说："我磨牙并不是为了娱乐，你想想，如果有一天我被猎人或老虎追逐，我需要锋锐的牙齿与它们搏斗；如果有一天，兔子从我面前跑过，我也需要锋锐的牙齿把它们的喉咙咬破。到那时，我只要有一点的疏忽就会遭到灾难或者失去机会。我想磨牙也来不及了，平时把牙磨好，到那时就可以保护自己，获取食物了。"

※ 大道理

没有危机就是最大的危机！

危机意识是一种对环境时刻保持警觉并随时做出反应的意识。要使危机意识深入思想，无疑是一个非常艰难的过程，但是如果不形成这种意识，任何创新和努力所带来的成果都是脆弱的、易碎的。

换　鞋

两位旅行者在森林里跋涉，突然，一只熊向他们猛扑过来，其中一位马上换上跑鞋，撒腿就跑。另一位跟在后面说："你跑得再快，也没有熊快。"换鞋的人说："我不需要跑得比熊快，我只要跑得比你快就行……"

※ 大道理

任何时候都要有竞争意识。只有常存竞争意识，才有动力，才有压力，才能获得先机。

使坏的驴子

从前，有个商人在镇上买了很多盐。他把盐装进袋子里，然后装载于驴背上。

"走吧！回家吧！"

商人拉动缰绳，可是驴子却觉得盐袋太重了，心不甘情不愿地走着。

城镇与村子间隔着一条河。在渡河时，驴子东倒西歪地跌到河里。盐袋里的盐被水溶掉，全流走了。

"啊！盐全部流失了。唉！可恶！多么笨的驴子呀！"

商人发着牢骚。可是驴子却高兴得不得了，因为行李减轻了。

"这是个好办法，嗯！把它记牢，下次就可以照这样来减轻重量了。"驴子想。

驴子尝到甜头，商人却一点也没有发觉。

第二天，商人又带着驴子到镇上去。这一次载的不是盐，而是棉花。棉花在驴背上堆得像座小山。

“走吧！回家！今天的行李体积虽大，可是并不重。”

商人对驴子说，并拉动了缰绳。

驴子一副负担很重的样子，慢吞吞地走着。不久又来到河边，驴子想到昨天的好主意。

“昨天确实是在这附近，今天得做得顺顺利利才行！”

于是，驴子又故意摔倒到河里。

“顺利极啦！”驴子心里面暗自得意。

这时驴子想站起来，但使尽了力气也没办法站起来。因为棉花进水之后，变得更重了。

“失算了，真糟糕！”

驴子虽然竭力嘶叫着，努力想站起来，但是，它实在没有力量负荷起浸满水而变得沉重无比的棉花，最后终于淹死在河里。

※ 大道理

任何通过实践得来的经验都是宝贵的，但不是任何时候都是有效的。要根据时间和形势的不同，选择利用不同的策略才能收到效果，否则就会聪明反被聪明误。

狗的友谊

黄狗和黑狗吃饱了饭，躺在厨房外的墙脚边晒太阳，并彬彬有礼地攀谈起来。它们谈到人世间的各种问题、自己必须做的工作、恶与善，最后谈到了友谊的问题。

黑狗说："人生最大的幸福，就是能和忠诚可靠的朋友在一起生活，同甘苦，共患难。彼此相亲相爱，保护对方，使朋友高兴，让它的日子过得更加快乐，同时也在朋友的快乐里找到自己的欢乐。天下还能有比这更幸福的吗？假如你和我能结成这样亲密的朋友，日子一定好过得多，就会连时间的飞逝都不觉得了。"

黄狗热情洋溢地说道："太好了，我的宝贝，就让我们做朋友吧！"

黑狗也很激动："亲爱的黄狗，过去我们没有一天不打架，我好几回都觉得非常痛心！真是何苦呢？主人挺好的，我们吃得又多，住的也宽敞，打架是完全没有道理的！来吧，握握爪吧！"

黄狗嚷道："赞成，赞成！"

两个新要好起来的朋友立即热情地拥抱在一起，互相舔着脸孔，高兴极了，它们高呼着："友谊万岁！让打架、嫉妒、怨恨都滚开吧！"

就在这时候，厨子扔出来一根香喷喷的骨头。两个新朋友立即闪电般地向骨头直扑过去。友好和睦像燃烧的蜡烛一般熔掉了。"亲密"的朋友"亲密"地滚在一起，相互撕咬，搞得狗毛满天乱飞。直到一桶凉水浇到它们背上，才把这一对宝贝拆开了。

※ 大道理

真正的友谊不是建立在口头上的，不是互相吹捧，而应该是真心相助，不求回报的。

无所适从的毛驴

雪花开始飘落，毛驴还没有备足过冬的草料，一向虔诚的它向天神求救。

天神说：“到山谷中去吧，那里有两垛草料，但你只能选一堆。”

毛驴来到山谷中，左右各有一堆草料，左边的草料好，而量不足，右边的数量足，而草质差。毛驴站在中间不知选哪堆好，最后活活地饿死在那里。

※ 大道理

所谓“舍得”，就是有“舍”才有“得”。没有勇气舍掉一些东西的人，就得不到更多更重要的东西。

散 步

上帝给了一个工作特别繁忙的人一个任务，让他牵着一只蜗牛去散步，上帝对他说：“给你一个任务，牵着这只蜗牛去散步吧，不要放开它。”

于是这个人带着上帝给他的任务，牵着蜗牛去散步。

他不能走得太快，虽然蜗牛已经尽力往前爬，但每次只能挪那么一点点。

他不停地催促它，大声地喝斥它、责备它，蜗牛用抱歉的眼光看着他，仿佛说：“人家已经尽了全力！”

他使劲拉它，甚至想踢它，蜗牛受了伤，流着汗，喘着气，往前爬。但是还是那么慢吞吞地。

这个人就想：“真奇怪，为什么上帝叫我牵一只蜗牛去散步？这对于我来说简直就是折磨，对于蜗牛来说也是煎熬！”

他不禁昂头向天质问：“上帝啊！为什么？”天上一片安静，上帝没有回答。

"唉！也许上帝又去抓蜗牛了！"

这个人想，好吧！松手吧！反正上帝已经不管了，我还管什么？

他任蜗牛往前爬，自己跟在后面生闷气。

突然间，他闻到了花香，才知道原来这边有个花园。他又感到微风吹来，才知道，原来夜里的风这么温柔。他又听到鸟叫，听到虫鸣，看到满天的星斗亮丽多姿。这些都是忙碌的他以前没有察觉的。

他忽然想明白，原来他弄错了，上帝是叫蜗牛带他去散步啊。

※ 大道理

适当的休息是为了更好地工作，劳逸结合，才能以轻松的心态应对工作。不会休息的人是做不好工作的。

兔妈妈和农夫

野兔在山里打了个洞安家，生下了小兔子，等到小兔长到五个月的时候，兔妈妈就把小兔赶出了家门，让它独立生活去了。

有一天小兔受伤了，躺在路旁，被农夫捡到了。农夫看到那么瘦弱的小兔在那边呻吟，叹息说："小兔子，像你这么小应该在妈妈的怀抱里撒娇的，怎么会伤成这样还被丢在路旁呢？这样的妈妈也太狠心了吧？"

兔妈妈刚好从这边经过听到了农夫的话，忙回答说："小兔要长大，迟早都要一个人生活的，不能什么事情都靠着别人，经历这些苦难是必然的，而您每天对您的孩子是衣来伸手，饭来张口，您的孩子在外面犯错了也不予教导，反倒觉得孩子是对的，我看您的孩子以后不止受这一点点伤那么简单了。"农夫听了兔妈妈的话愣住了，半晌没有说出话来。

※ 大道理

很多时候人们都会溺爱自己的孩子，对孩子的缺点错误不加以批评指正，甚至是视而不见，其实这样做对孩子以后的成长不利。

马熊的悔悟

森林里有一只性情暴躁的马熊，凡与它相处的动物，一言不和就会被它殴打，轻者皮肉受伤，重者骨断筋折。但它并非一无是处，作为森林中的强者，它一次又一次地击退了外敌对森林的入侵，保护了小动物们的安全。因此，马熊自认为自己行侠仗义，英勇无敌，在森林中是最受尊敬的。

有一天，一头极其雄壮的野猪来犯，为了把它驱逐出境，马熊与野猪激战三天三夜，从山峰战到山谷，并远远地离开了这片森林。第四天夜晚，遍体鳞伤的马熊归来了。它发现森林里正在举办庆祝会，它以为是动物们庆祝它的归来。没想到远远就听到狐狸那刺耳的叫声："为了马熊的死而干杯！"马熊震惊了，它这才真正明白自己在动物们心中的地位和形象，它羞愧万分，从此性情大变，弃恶向善，后来被公推为森林之王。

※ 大道理

俗话说"旁观者清"，因此，不要对逆耳之言消极抵抗，他人的评价往往比自我评价更具有客观性和真实性。

公鸡的角

玉帝要选出十二种动物作为十二生肖。动物们知道这个消息后都非常希望入选，积极准备。公鸡和龙也参加了，公鸡有一对大家公认的漂亮的角，龙的身上头上都是光光的，它觉得很不好看，这样一定会落选。

有一天，龙就跑到公鸡面前笑嘻嘻地说："公鸡老兄，你的羽毛真漂亮，你的爪子真好看，还有你的叫声比黄鹂鸟唱歌还好听，一定能被玉帝选上的，而我身上光秃秃的，什么都没有，哪怕有一对像你头上这样漂亮的角也好呀，好心的公鸡大哥，你就把那对角借给我吧，我用完就还你。公鸡兄弟，我知道你是好人，不会眼睁睁看着我被淘汰的。"

公鸡听到龙的夸奖后顿时心花怒放，很爽快就把角借给它了。

最后生肖大赛结束了，公鸡和龙都入选了，但龙排在了公鸡的前面，就是因为玉帝看中了龙的那对漂亮的角。

※ 大道理

人人都愿意听好话，可是在溢美之词的面前，一定要保持清醒的头脑，一定要正确对待别人的赞美，否则，就会因为头脑发昏犯下不可弥补的错误。

蜀鸡遇难

蜀鸡是一种体魄健壮的大种鸡。它身上的羽毛别具一格，形成自然美丽的花纹，而脖子上的羽毛则是一派红色。蜀鸡既具有观赏价值，又可以食用，因此豚泽这个地方的人很喜欢饲养这种鸡。

豚泽一家农户养的蜀鸡在初春时节孵出了一窝可爱的小鸡。春分过后，天气逐渐转暖。眼看着这群小鸡一天一个样地长大起来。只要是风和日丽的天气，大蜀鸡就领着小蜀鸡到庭院里活动。大蜀鸡咯、咯、咯地叫着走在前面带路；小蜀鸡啾、啾、啾地叫着，连蹦带跳地跟在后面学步。虽然小蜀鸡叽叽喳喳的嘈杂叫声不绝于耳，但是大蜀鸡一刻也没有忘记自己的责任。鸡妈妈既是鸡宝宝的好老师，又是它们的守护神。

有一天，大蜀鸡正领着一群小蜀鸡在院子里散步，一只鹞鹰忽然从空中盘旋而下。大蜀鸡一见长着凶狠的爪子和长钩似的利嘴的鹞鹰在头顶上盘旋，就知道来者不善。它迅速用翅膀把小鸡遮护起来，同时高昂起头颈，大声地吼叫，一眼不眨地死死盯住鹞鹰，准备与它进行一场殊死的搏斗。鹞鹰看到大蜀鸡已有戒备，不敢轻易进犯。它在空中兜了几个圈子就没趣地飞走了。

过了一会儿，天上飞来一只乌鸦。大蜀鸡知道乌鸦平素只以树上的野果、田里的谷物和昆虫为食，性情不像鹞鹰那般凶猛，所以丝毫没有防范。它让乌鸦飞落到院子里和自己做伴，与小鸡一块啄食、玩耍。大约有一顿饭的工夫，大蜀鸡与乌鸦和睦相处，简直像亲兄弟一样。然而好景不长，当大蜀鸡完全丧失警惕、痴心陶醉在这天伦之乐中的时候，乌鸦猛然间用长长的大嘴巴叼了一只小鸡。然后，它用双脚使劲往地上一蹬，狠狠地扇了扇翅膀，一阵风似的飞走了。

大蜀鸡惊魂未定地站在尘土飞扬的院子里，呆呆地望着乌鸦渐渐远去的身影，感到心痛万分。它对于自己因判断错误而受乌鸦欺骗，从而导致小鸡转瞬间惨遭横祸的严重过失懊丧不已。

※ 大道理

“明枪易躲，暗箭难防”，狡猾隐蔽的敌人是最可怕的，因为它更难以防范。

沙漠中的骆驼

一群野骆驼在沙漠中行走，虽然能够承受沙子的高温，却口渴得难受。

突然间小骆驼看到了不远处有一片绿汪汪随太阳荡漾的东西，它兴奋了，开心地说："那里一定有个湖，我们可以在那边找点水喝。"说完就指向远方，骆驼们朝着小骆驼所指的方向看过去，的确，那里好像有个湖。

这时候，老骆驼发话了："不对，这里怎么会有湖呢，我以前一直都没有碰到过的，可能是海市蜃楼，你们还是不要去的好。"

骆驼们渴得厉害，哪里还听得进老骆驼的话，有的甚至还讥讽道："你一定是记性差，记错了吧，明明是一个湖啊。你不会是想眼睁睁看着我们受苦，然后一个人去享受吧？"

说完骆驼们鼓足了所有的力量，朝那边奔过去，只有老骆驼还是照着原来的步调走着，不为所动。而那些骆驼又怎么样了呢？它们只是感觉湖水就在不远处，却怎么也不能靠近它，原来那真是海市蜃楼。

※ 大道理

在机会面前要冷静，冲动往往导致失败。

人在面对诱惑的时候总是难免激动，但越是在这种时候越要进行冷静的分析，这样才能做出正确的选择。

狐狸和火鸡

为了对狐狸的进攻进行有效的抵御，火鸡把自己栖息的树当成了一座城堡。这阴险的狐狸已经绕树转了好几圈，瞧见每只火鸡都在放哨警戒，不敢怠懈。它狠狠地喊着:“怎么啦，这些躲在树上的家伙居然敢跟我作对，它们以为这样就能免予一死！不，绝不！我对天发誓，我绝不会轻饶它们的！”

这天晚上月色皎洁，好像专门与狐狸作对，这对火鸡当然是再好不过的了。当然狐狸在进攻敌手方面也毫不含糊，它诡计多端，忽而装作进攻向上爬，忽而又踮起爪子向上移，接着装死躺下，一会儿又爬起来……狐狸竖起了肥大的尾巴，使它油亮闪烁，耍尽了骗人的把戏。在这段时间里，没有一只火鸡敢放松警惕打一个盹儿，敌情使它们两眼圆睁，紧张地注视着树下的风吹草动。时间一长，这些可怜的火鸡都头晕目眩，不断地从树上栽下来，几乎有一半的火鸡掉了下来。狐狸把掉下来的火鸡逮住，全都拴在了一起，并把它们全宰掉放进了自己的食品橱。

※ 大道理

生活中免不了会遇到危机、挑战、诱惑，或者其他让人气愤和头痛的事。越是这种时候，越要保持冷静。

亡羊补牢

从前，有个人养了一圈羊。一天早上他准备出去放羊，按照惯例他先数了数羊的数目，数来数去他发现少了一只。

他去羊圈仔细检查了一番，发现羊圈破了个窟窿。他想起来最近大家都说村子里来了一条狼，很多人家都丢了鸡鸭等禽畜。他想肯定是狼从窟窿里钻进来，趁他睡熟了把羊叼走了。

他气愤地跟邻居说起这件事，邻居劝告他说：“是啊，肯定是那只可恶的狼干的好事！赶快把羊圈修一修，堵上那个窟窿吧！”

他却说：“反正羊都已经丢了，还修羊圈干什么呢？”没有接受邻居的劝告。

第二天早上，他准备出去放羊，到羊圈里一看，发现又少了一只羊。原来狼又从窟窿里钻进来，把羊叼走了。

他很后悔没有接受邻居的劝告，于是赶快找来泥灰和石头把那个窟窿堵上，把羊圈修补得结结实实。从此，他的羊再也没有被狼叼走了。

※ 大道理

犯了错误，立即改正，就能减少错误。出现失误，及时采取补救措施，则可以避免继续出现损失。

井底之蛙

住在浅井中的一只青蛙对来自东海的巨鳖夸耀说：“我生活在这里真

快乐呀！高兴时，就跳到井外面，爬到栏杆上，尽情地蹦跳玩耍。玩累了，就回到井中，躲在井壁的窟窿里，舒舒服服地休息。跳进水里时，井水仅仅浸没我的两腋，轻轻地托住下巴；稀泥刚刚没过双脚，软软的很舒适。看看周围的那些小虾呀、螃蟹呀、蝌蚪呀，谁也没有我快乐。而且我独占一井水，尽情地享受其中的乐趣，这样的生活真是美极了。您进来看一看吧！”

巨鳖接受了井蛙的邀请，准备到井里去看看，但它的左脚还没有跨进去，右腿已被井的栏杆绊住了，只好慢慢地退回去，站在井旁边给青蛙讲述海的奇观：“海有多大呢？即使用千里之遥的距离来形容也表达不了它的壮阔，用千丈之高的大山来比喻，也比不上它的深度。夏禹治水的时候，十年有九年下大雨，大水泛滥成灾，海面不见丝毫增高；商汤的时候，八年有七年大旱，土地都裂了缝，海岸也丝毫不见降低。不因时间的长短而改变，也不因雨量的多少而增减，生活在东海，那才真正是快乐呢！”

井蛙听了，吃惊得好半天也没有说出话来。它这才知道自己生活的地方是多么渺小。

※ 大道理

如果长期把自己束缚在一个狭小的天地里，就会变得目光短浅。还好青蛙还有勇气承认自己的不足，总比那些故步自封、不敢正视不足的人要好。

河豚发怒

河里有种鱼叫河豚。

春天到了，河水越来越多，水草也都变绿了，一只河豚非常高兴，它尽情享受春天的舒适，在河里欢快地游来游去。当它游到桥下面的时候，由于自己闭着眼睛太陶醉了，一不留神撞到桥墩上。

桥墩多硬啊，把河豚撞得眼冒金星，差点晕厥过去。河豚痛得直咬牙，虽然明明是它自己的不对（谁叫它不避开不能动弹的桥墩呢），但是它却愤怒地责怪桥墩撞了它，气得张开两腮，竖起两鳍，肚皮鼓得圆圆的浮在水面上，很长时间都没有动。

这时，一只出来觅食的老鹰正好从这里飞过，看到水面上翻着肚皮的河豚，心想今天真是走运，竟然有自动送上门的美餐，于是飞快俯冲下去，一下子就把河豚抓了起来，当作一顿美味午餐。

※ 大道理

责任的承担是成长的开始。如果一个人犯了错误不知道总结经验教训，而是一味地埋怨客观环境，那就会犯更大的错误，导致更大的损失。

骑师和马

一个骑师，让他的马儿接受了训练，因此他可以随心所欲地使唤它。只要把马鞭一扬，那马儿就乖乖地听他支配，而且骑师说的话，马儿句句明白。

“给这样的马加上缰绳是多余的。”他认为用言语就可以把马驾驭了。有一天骑师骑马出去时，就把缰绳解掉了。

马儿在原野上飞跑，开头还不算太快，仰着头抖动着马鬃，雄赳赳地高视阔步，仿佛要叫他的主人高兴。但当它知道什么约束也没有的时候，英勇的骏马就越发大胆了。它的眼睛里冒着火，脑袋里充着血，再也不听主人的叱责，越来越快地飞驰过辽阔的原野。

不幸的骑师如今毫无办法控制他的马了，他想把缰绳重新套上马头，但已经无法办到。完全无拘无束的马儿撒开四蹄，一路狂奔，竟把骑师摔下马来。而它还是疯狂地往前冲，像一阵风似的，什么也不看，什么方向也不辨，一股劲儿冲下深谷，摔了个粉身碎骨。

“我的可怜的好马呀，”骑师好不伤心，悲痛地大叫道，“是我一手造就你的灾难，如果我不冒冒失失地解掉缰绳，你就不会不听我的话，就不会把我摔下来，你也就绝不会落得这样凄惨的下场。”

※ 大道理

任何事物想要顺利地发展，都需要进行一定的管理和控制。放任的结果往往是“一发不可收拾”。

盲人摸象

一个国王把所有的盲人召集在一起。等他们到齐了，国王就让他们去参观自己驯养的大象。

这些人来到象房，开始摸起象来。一个人摸到象的腿，另一个人摸到象的尾巴，第三个人摸到的是象的尾巴梢，第四个摸到象的肚皮，第五个摸着象的脊背，第六个摸着象的耳朵，第七个摸着了象牙，而第八个摸到的是象鼻子。

然后，国王把这些盲人叫到跟前，问他们：“我的大象怎么样？”

摸到象腿的人说：“象就像柱子一样。”

另一个人摸到象尾巴，他说：“它就像鞭子一样。”

第三个摸到尾巴梢的人说：“它就像树枝一样。”

那个摸到象肚皮的人说：“象就和一片平坦的土地一样。”

摸到象脊背的人说："象就好比一座山。"

摸着象耳朵的说："象就如同妇女的一块头巾。"

摸着象牙的人说："象就好似一只角。"

而那个摸到象鼻子的人说："象完全和粗绳子一模一样。"

这些盲人开始争论起来，最后吵得一团糟。

※ 大道理

我们认识事物，一定要全方位地去考察，才能得到正确的结论。如果片面地看待事物，只知道个局部就以为自己已经全明白了，不免会闹出笑话来。

啄木鸟和老槐树

啄木鸟每天都给森林里的树木看病。

这天啄木鸟停在了老槐树上，它发现树上有几个虫眼，就对老槐树说："槐树老哥，你身上表层有虫子了，让我帮你啄掉吧。"

老槐树笑哈哈地回答道："啄木鸟老弟有点小题大做了，我这条命有好几百年了，风吹雨打，什么灾难没经过，区区几个虫眼算什么，过几天就没了。"

啄木鸟听它这么说就走了。过了不久，啄木鸟又停在了老槐树上，它看见虫眼比以前更多了，而且有些虫眼扎得好深，进入木质层了，就急忙对老槐树说："老槐树你的虫眼越来越多了，而且都快进入心脏了。"

老槐树还是轻蔑地说："没关系的，我抵抗力好，扎几个虫眼是常有的。"啄木鸟看老槐树这样顽固就不再理它了。

过了好长一段时间，啄木鸟再停在老槐树上的时候，发现老槐树已经死了。

※ 大道理

面对危机，是避重就轻，拒不承认错误，还是主动出击，迅速有效地解决问题呢？答案当然是后者。要是我们能够正确地面对危机，就可以将危机带来的负面影响降到最低点，或者将劣势变为优势。

蚂蚁学飞

很早以前，所有的蚂蚁都是会飞的。

这天，蚁后产了很多黑蚂蚁卵，不久这些卵就变成一只只小蚂蚁了。蚁后就对带头的那只黑蚂蚁说："小蚂蚁长大了，你带着它们去学飞吧。"于是这只黑蚂蚁就带领其他的蚂蚁去学飞了。

它们在草地上试着张开翅膀，往上扑腾，可是没等它们的翅膀平衡，就从半空中掉下来了，摔下来的蚂蚁开始气馁了，就在那边不想飞。这时候蚁后走过来说："失败并没有什么可怕的啊，要想学会飞，是要付出努力的，你们才摔了一次，以后还会有很多次呢。"黑蚂蚁们听了蚁后的话继续扑腾，可依然飞不起来，这次它们就干脆不学了，最后这群黑蚂蚁没有学会飞。

慢慢地，因为黑蚂蚁不能飞，翅膀用不上了，慢慢退化，于是地上就有了不会飞的蚂蚁。

※ 大道理

停到半路比走到终点更痛苦！所以，在我们面对失败的时候应该好好想想，吸取教训，重新开始。因为，失败是成功之母，每经历一次失败就意味着离成功更近一步了。

防冻手的药

宋国有个人善于配制防治冻手的药，他家祖祖辈辈都靠漂洗棉絮过日子，手常被冻坏，所以用这种药涂抹在手上。

有一个外乡人听说了，请求购买他的药方，情愿出一百两黄金。宋人便把全家人招集在一块商量说：“我们家祖祖辈辈干漂洗棉絮的活儿，能够得到的不过几两黄金。现在出售这个药方，一下子就可赚取一百两黄金，就卖给他吧！”

那个外乡人得到了药方后，便拿去献给吴王，并向吴王夸赞这种药的用处。这时，正赶上越国有内乱，吴王便派他领兵讨伐越国。冬天，他们和越国军队进行水战，天气非常寒冷，越国的很多士兵的手都被冻坏了，因此战斗力大为下降。而他们因为使用了防冻手的药，士兵的手和身体得到了很好的保护，结果把越国军队打得大败。吴王很高兴，就割出一块土地来封赏了那个外乡人。

这药能够防止手皲裂，功用没有变。但是，有的人用它得到封赏，有的人有了它仍免不了干漂洗棉絮之类的苦活，这都是由于用法不同的缘故啊！

※ 大道理

东西是一样的东西，只是因为眼光和见识不一样，它所发挥的作用也就不一样。所以，敏锐的眼光和判断力是不容小视的能力。

金钩桂饵

在春秋时代的鲁国，有个人非常喜欢钓鱼，他在自己的钓具和饵料上花了不小的工夫：他用馥郁芬芳的名贵香料肉桂制成鱼饵，用黄金打造出极其精致的鱼钩，并且在鱼钩四周镶嵌上白银丝线和青绿色的美玉，而钓鱼绳则要用极其珍贵的翡翠鸟的羽毛来装饰一番。

每当钓鱼的时候，他总是早早地来到小河边，找好一个位置，摆好架势，正襟危坐。如果单从他手持钓竿的姿势和选择的钓鱼位置来看，毫无疑问都是极其标准规范的，甚至还能显示出钓者的某种优雅和闲适来。然而他即使这样坐上一天，直至傍晚收竿时，别人往往都能满载而归，而他钓到的鱼却没有几条，有时甚至空手而返。

※ 大道理

与其过分注重外在形式，过分追求搭花架子装点门面，不如把工夫下在需要的地方，因为形式永远是为内容服务的。

小狐狸的抱怨

一只小狐狸对一只老狐狸抱怨说：“真是生不逢时啊！我想出的妙计，不知为什么，几乎总是不成功。”

老狐狸问：“你告诉我，你是在什么时候制订你的计谋的？”

小狐狸说：“啥时候？都是肚子饿了的时候呗。”

老狐狸笑了：“对啦，问题就在这里！饥饿和周密考虑从来走不到一块。你以后制订计谋，一定要趁肚子饱饱的时候，这样就会有好的结果了。”

※ 大道理

紧急关头制订的计划往往会有各种缺陷，因为这时候的人总是会缺乏平静的心态和周全的考虑。

南郭守城

南郭将军熟读兵书，各种战术都能倒背如流，每次跟皇上讨论军事战略问题，都讲的头头是道，皇帝就特别器重他。后来敌国犯境，皇帝立马想到派南郭将军去镇守边城。

南郭将军率领大部队，很快就到达战场。第二天，敌国在城外叫战，南郭将军没有出去迎战，而是命令属下在城楼上放一把瑶琴，吩咐城里的人都不要声张、按兵不动，然后他就坐在城墙上，开始弹琴，并命令把城门打开。

敌军看见城门是开着的，立刻攻入城去，没过多久就把整座城都占领了，还俘虏了南郭将军。被俘的南郭将军很纳闷：“兵书上明明写着诸葛亮不用一兵一卒，仅在城墙上弹琴就把敌军的百万大军击退了，为什么我的空城计就不能成功呢？我的确是按着兵书上写的一步一步布阵的啊。”

※ 大道理

光懂得理论知识是远远不够的，还要有扎实的实践经验，两者结合才能达到最好的效果，纸上谈兵永远不会打胜仗。

三虱相讼

一天，三只虱子在一头肥猪的身上相互争吵起来。

这时，另一只虱子经过这里，见它们争吵得不可开交，就问道：“你们为什么争吵呢？”

三只虱子一起回答说：“为了争夺猪身上最肥的地方。”

那只虱子听了，说：“你们难道不知道腊月祭祀的日子即将到来吗？到那时候，茅草一烧，这头猪就被杀掉丢进汤锅里了，你们还在这里争吵什么呢？”

三只虱子一听，恍然大悟。立即停止争吵，挤在一起，拼命地吸起猪血来。

※ 大道理

整体利益高于局部利益，整体利益得不到保障，局部利益也必然受到损害。正所谓：皮之不存，毛将焉附。

团结的力量

羚羊、老鼠、乌鸦和乌龟，它们生活在一起，组成了一个小集体。羚羊头脑简单，当它独自游玩时遇到了一只猎狗，被猎狗逼进了猎人设的陷阱里。到了吃饭的时候，还不见羚羊回家，聪明的老鼠对另外两位说：“怎么回事，今天只有我们三个在一起用餐，难道羚羊已经忘掉了我们弟兄，还是它遇到了什么麻烦的事情？”

听了这话，最爱大惊小怪的乌龟马上伸长脖子喊了起来："哎呀，乌鸦赶快动身，看看到底在什么地方出了事情？"

乌鸦最讲义气，马上放下餐具展翅高飞。它从空中看到莽撞的羚羊正在陷阱里徒劳地挣扎。乌鸦马上回来向老鼠和乌龟做了报告。三位朋友最后一致作出决定：马上前往羚羊出事的地点。

乌鸦和老鼠二位出发去救那只可怜的羚羊。乌龟十分想迅速前往出事的地方，只可惜自己的脚短，还背着个沉重的包袱，于是它就在后面慢慢地赶来。

当老鼠咬断了陷阱里的网结时，猎人赶到了。他厉声喝问："谁把我的猎物放跑了？"老鼠闻声马上躲进了洞里，乌鸦则飞到了树上，羚羊也消失在树林丛中。倒霉的乌龟刚刚赶到这里，遇上了气得要命的猎人，结果被抓到一个袋子里。

三个伙伴又要拯救乌龟了。羚羊故意从躲藏的地方走出来，假装瘸腿出现在猎人的面前，引诱猎人去跟踪它。猎人将沉甸甸的口袋扔到路旁追羚羊去了。这时候，老鼠趁机把扎紧口袋的绳结咬断，救下了猎人打算作晚餐的乌龟。

※ 大道理

团结就是力量。乌龟、羚羊、乌鸦和老鼠单独看来，谁都不堪一击，但是组合起来就是一个优秀的团队。合作精神的缺乏，往往是失败的主要原因。

大鹏与焦冥

晏子是齐国有名的贤相。晏子很有学问，足智多谋，善于讽喻又敢于直谏，他经常跟齐王一起议论国家大事或谈论学问。

有一天，齐景公和晏子坐在一起聊天。齐景公问晏子说：“天下有极大的东西吗？”晏子回答说：“有。大王想要我说给您听吗？”齐景公说：“我想知道天底下最大的生灵是什么？”

晏子说：“在北方的大海上，有个叫大鹏的鸟，它的脚游动在云彩之中，背部高耸入青天，而尾巴则横卧在天边。大鹏在北海中跳跃着啄食，它的头和尾就充塞在天和地之间。它的两个阔大的翅膀一伸展，就无边无际看不到尽头。”

齐景公惊奇地说：“真是不可想象！不可想象！那么，天下有没有极小的生灵呢？”

晏子回答说：“当然有。东海边有一种小虫，它小到可以在蚊子的眼睫毛上筑巢。这种小虫子在巢里一代一代地繁衍生息。它们经常在蚊子的眼皮底下飞来飞去，可是蚊子连丝毫的感觉也没有。”

齐景公说：“太妙了，我从来没有听说过这种新奇的事，那是什么虫子呀？”

晏子说：“我也不知道它确切的名字叫什么，只听说东海边有些渔民称这种虫子为‘焦冥’。”

齐景公十分感慨地说：“真是世界之大，无奇不有啊！”

※ 大道理

宇宙中物质的存在和运动，形式是复杂多样的，因此，我们对世界的认识和对知识的追求也应该是永无止境的。

家狗和狼

一匹饥饿的瘦狼在月光下四处寻食，遇到了喂养得壮实的家狗。它们相互问候后，狼说：“朋友，你怎么这般肥壮，吃了些什么好东西啊？我现在日夜为生计奔波，苦苦地煎熬着。”

狗回答说：“你若想像我这样，只要跟着我学就行。”

“真是这样，”狼急切地问，“什么活儿？”

狗回答说：“就是给主人看家，夜间防止贼进来。”

“什么时候开始干呢？”狼说，“住在森林里，风吹雨打，我都受够了。为了有个暖和的屋子住，不挨饿，做什么我都不在乎。”

“那好，”狗说，“跟我走吧！”

它们俩一起上路，狼突然注意到狗脖子上有一块伤疤，感到十分奇怪，不禁问狗这是怎么回事。狗说：“没什么。”狼继续问：“到底是怎么回事？”

“一点点小事，也许是我脖子上拴铁链子的颈圈弄的。”狗轻描淡写地说。

“铁链子！”狼惊奇地说，“难道你是说，你不能自由自在随意地跑来跑去吗？”

“也不是，也许不能完全随我的心意，”狗说，“白天有时候主人会把我拴起来。但我向你保证，在晚上我有绝对的自由；主人把自己盘子中的东西喂给我吃，佣人把残羹剩饭拿给我吃，他们都对我备加宠爱。”

“晚安！”狼说，“你去享用你的美餐吧，至于我，宁可自由自在地挨饿，也不愿套着一条链子过舒适的生活。”

※ 大道理

享受不到安乐时，认为安乐比什么都重要，但是如果给你安乐，却剥夺了你的自由，你会认为自由是更可贵的。

猴子现巧遭祸

一群猴子住在江边的一座山上。这座山飞瀑流泉，树木繁茂，风景十分秀丽。每年春天过后，满山遍野都长着野果。说不清是什么年月，一群猴子来到这山上安家落户，从此以后，一直过着不愁温饱、悠然自得的生活。

有一天，吴王带着随从乘船在江上游玩，当他在江两岸的奇山异峰中发现这风景秀丽的猴山时，感到异常兴奋。吴王令随从在猴山脚下的江边泊船，带领他们下船登山。

山上的猴子们往日的平和与宁静，突然被这么多上山来的人打破了。猴子们面面相觑，它们吓得惊慌失措四下逃走，躲进荆棘深处不敢出来。

有一只猴却与众不同，它从容自得地停留在原地，一会儿抓耳挠腮，一会儿手舞足蹈，满不在乎地在吴王面前卖弄着它的灵巧。吴王拉开弓，用箭射它，这只猴子并不害怕，吴王射过去的箭都被它敏捷地抓住了。吴王有些气恼，便命令随从们一起去追射这只猴子。面对这么多人射过去的箭，猴子难以招架，当即被乱箭射死。

吴王回头对他的随从们说："这个猴子，倚仗自己的灵巧，不顾场合地卖弄自己，以至于就这样丢掉了自己的性命，真是可悲。你们都要引以为戒，千万不要恃才傲物，在人前显示和卖弄自己的一点雕虫小技。"

※ 大道理

藏而不露是智人之举。有了一点点小本事就喜欢卖弄的人只会弄巧成拙，被人笑话，最后以失败告终。

狮子和野猪

夏天到了，天气异常炎热，知了在树上拼命地叫着，鸟儿停止了飞翔，各种小动物都躲在洞穴里或者树荫下，整个大森林似乎陷入了死寂，只有阳光无处不在。

这样的天气实在容易叫人口渴，那些耐不住干渴的动物只好跑出凉快的地方，到小溪边喝水。狮子和野猪碰巧一起来到小泉边，它们正准备大喝一通的时候，都发现了对方，于是两只自以为很强大的动物就开始争吵起来了，原因是都觉得应该让自己先喝，慢慢地，争吵便成了争斗，狮子和野猪开始在小河边打得你死我活。

当它们累了停下来喘气的时候，忽然回过头去，看见有几只秃鹰正站在附近等候，它们俩马上冷静下来了：谁倒下去谁就会被吃掉。因此它们停止了争斗，并说："我们还是成为朋友吧，总比被秃鹰吃掉好得多。"

※ 大道理

不要因为不必要的小事进行内耗，相互间无聊的争斗只会给自己招来灾难，因为在竞争如此激烈的社会，不知有多少人正在觊觎你的成就呢。

一千万美元和一分钟

有个很懒惰的流浪汉，整天做着发财的美梦。他总是在想，如果有一天自己成了百万富翁，一定要坐着全世界最豪华的游艇周游世界，因为他喜欢大海。

终于有一天，上帝来到他面前，说：“年轻人，我可以回答你两个问题，并满足你一个愿望，不过你要仔细想好了再说。”流浪汉听了十分高兴，他想，发财的机会终于来了。他仔细地想了一会，然后问上帝：“一万年对您来说，是多长时间？”上帝回答说：“像一分钟。”

“那么一千万美元对您来说是多少钱？”流浪汉又问道。

“就像一美元。”上帝笑着回答他说，“你的问题已经问完了，你有需要我帮你满足的愿望吗？”

“我的愿望非常简单，给我一千万美元吧，它对您来说只是一美元啊！”流浪汉兴奋起来，好像自己已经坐上了豪华游艇，开始了梦寐以求的环球旅行。

上帝看着他，笑着说：“这太简单了，你只需等我一分钟。”

流浪汉的眼神慢慢地暗淡下去，那对他来说可是一万年啊。

※ 大道理

天下没有免费午餐，任何事情都不是唾手可得的，财富也是一样，不会从天而降，要获得财富就需要付出时间和努力。

人云亦云的八哥

一群喜鹊在树上筑了巢，在里面养育了喜鹊宝宝。它们天天寻找食物、抚育宝宝，过着辛勤的生活。在离它们不远的地方，住着好多八哥。这些八哥平时总爱学喜鹊们说话，没事就爱乱起哄。

喜鹊的巢建在树顶上的树枝间，靠树枝托着。风一吹，树摇晃起来，巢便跟着一起摇来摆去。每当起风的时候，喜鹊总是一边护着自己的小宝宝，一边担心地想：风啊，可别再刮了吧，不然把巢吹到了地上，摔着了宝宝可怎么办啊，我们也就无家可归了呀。八哥们则不在树上做窝，它们生活在山洞里，一点都不怕风。

有一次，一只老虎从灌木丛中窜出来觅食。它瞪大一双眼睛，高声吼叫起来，直吼得山摇地动、草木震颤。

喜鹊的巢被老虎这么一吼，又随着树剧烈地摇动起来。喜鹊们害怕极了，却又想不出办法，就只好聚集在一起，站在树上大声嚷叫："不得了了，不得了了，老虎来了，这可怎么办哪！不好了，不好了！……"附近的八哥听到喜鹊们叫得热闹，不禁又想学了，它们从山洞里钻出来，不管三七二十一也扯开嗓子乱叫："不好了，不好了，老虎来了！……"

这时候，一只寒鸦经过，听到一片吵闹之声，就过来看个究竟。它好奇地问喜鹊说："老虎是在地上行走的动物，你们却在天上飞，它能把你们怎么样呢，你们为什么要这么大声嚷叫？"喜鹊回答："老虎大声吼叫引起了风，我们怕风会把我们的巢吹掉了。"寒鸦又回头去问八哥，八哥"我们、我们……"了几声，无以作答。寒鸦笑了，说道："喜鹊因为在树上筑巢，所以害怕风吹，畏惧老虎。可是你们住在山洞里，跟老虎完全井水不犯河水，一点利害关系也没有，为什么也要跟着乱叫呢？”

※ 大道理

八哥一点儿主见也没有，只懂随波逐流、人云亦云，也不管对不对，以至于闹出了笑话。我们做人也是一样，一定要独立思考，自己拿主意，不盲目附和别人。听取别人意见和人云亦云有着本质的不同。

吝啬的财主

沙漠深处有一个村子，村子里有个财主，为人非常吝啬，他从不愿意给人任何帮助。有一次，他听过往的商人说，他们村子里的药材在沙漠外面的市镇里可以卖到很高的价钱，于是他就想到外面走一趟，好发些横财，便带着自己的仆人上路了。

他们出发的时候，恰逢秋天，是沙尘暴容易发生的季节。这个财主一向精打细算，带的草料和粮食都只够这几天的行程。但天有不测风云，出发后不久，就遇上了沙尘暴，沙尘暴席卷去了他们大部分的食物和水。这时，仆人要求他分给自己一点水和食物，但是这个吝啬的财主平时都不想给仆人工钱，更不用说现在了。仆人只好离开了财主，自己寻找食物和水去了。

剩下财主一个人后，他很快就迷路了，食物和水很快也用光了，最终没有走出沙漠。而仆人则找到了一群商队并被商队带出沙漠。

※ 大道理

付出才会有回报，吝啬者的路只会越走越窄，最终还会成为孤家寡人。

三个手艺人

敌军兵临城下，情势危急，城中的居民们聚在一起，共同商议对抗敌人的办法。大家一致认为城中的手艺人有着丰富的经验，因此选了三个手艺人，一个砌匠，一个木匠，一个皮匠作为他们的首领，领导大家共同抗击敌人，保卫城池。

于是，三个手艺人坐在一起开始商量退敌之策，砌匠首先挺身而出，主张用砖块作为抵御材料，因为砖块既可以使城池坚固，又可以作为打击敌人的利器。木匠毅然提议用木头来抗敌，并认为这是最佳的方法。皮匠站起来说："先生们，我不同意你们的意见。我认为作为抵御材料，没有一样东西比皮更好。"

三人各执己见，相持不下，但敌人的炮火却已经攻开了城门。

※ 大道理

在思考问题和采取行动的时候，人们总是从自己的习惯出发，受思维定势的影响，慢慢地成了习惯的奴隶。

西蜀和尚

从前西蜀有两个和尚，其中一个很有钱，过着衣食无忧的日子；另一个很穷，每天除了念经，还得到外面去化缘，日子过得很清苦。有一天，穷和尚对富和尚说："我很想到南海去拜佛，求取佛经，你看如何？"富和尚说："路途那么遥远，你怎么去？"穷和尚说："我只要有一个钵、一个水瓶、两条腿就够了。”富和尚听了哈哈大笑，说：“我想去南海想了好几年，一直没成行，原因就是旅费不够。我都去不成了，你又怎么去得成？”过了一年，穷和尚取经回来，他还从南海带了一本佛经送给富和尚。富和尚惭愧得面红耳赤，一句话也说不出来。

※ 大道理

态度决定一切。在困难面前，是停下来，还是坚持不懈，执着追求？区别仅仅在于一步，风景却大不相同。

屠夫遇狼

从前有一个在市场卖肉的屠夫。有一天天色渐黑，屠夫挑着担子从市场上回家。肉都卖光了，竹筐里只剩下骨头。

在经过一片荒丘的时候，他听见背后有“沙沙”的声音，回头一看，有两只饿狼瞪着绿眼睛，呲着白牙，不紧不慢地跟着他。屠夫走，狼也走；屠夫停，狼也停。

屠夫吓得心惊肉跳，连忙从竹筐里丢出几根骨头，想把饿狼打发走。谁知一只狼啃着骨头停下来，另一只狼仍然尾随不舍。屠夫又丢出一根骨头，这只狼低头大啃，后面那只狼又舔着嘴巴追上来。可是没过一会儿，骨头就丢完了，两只狼看见屠夫不再扔骨头了，又并肩紧跟在他的后面。

屠夫急得浑身冒汗，惟恐狼从两面夹攻，自己就得腹背受敌，可能性命难保了。他急忙向四周打量，远远看见田野上有个打麦场，场上堆着高高的麦垛，像小山一样。他慌忙奔过去，背靠麦垛，扔下担子，手里举起明晃晃的割肉刀。

这一下，狼不敢轻举妄动，只好用凶贪的眼光盯着屠夫。相持了好一阵，有一只狼仿佛等不下去了，调转屁股远远走开了。另一只狼蹲在地上，好像疲倦了似的，慢慢合上眼睛，神态悠闲，打起瞌睡来了。说时迟，那时快，屠夫看到狼没有防备，“刷”地跳起来，冲到狼的跟前，一刀劈中狼头，又接连几刀，结束了这只狼的性命。

屠夫松了口气，转身回去拿担子刚想要走，忽然发现麦垛里面有东西在轻轻动弹。他悄悄绕到麦垛后面定睛一看，原来是先走开的那只狼正悄悄地拱进麦垛，身子已经进去一半了，只露出半截屁股在外。屠夫放下担子，急忙上前，奋起一刀，将狼劈做两截。

屠夫这时才醒悟过来：原来一只狼佯装瞌睡，诱他麻痹，为另一只狼作掩护；另一只狼则假装远去，其实想拱进麦垛，从背后咬住他，多么狡黠啊！

※ 大道理

与凶恶狡猾的敌人周旋，必须要万分机警，切不可掉以轻心。

工匠的事业

从前有个工匠，以打制金属装饰品为业。这只是一门很普通的手艺活儿，挣的钱不多。工匠天天在想：怎么样才能靠自己的这点本事赚钱养活家人，还可以很快发财呢？

有一天，工匠出门去办事，碰到一大群人正鸣锣开道，路上的行人都不准随便走动。原来这会儿正赶上皇帝出巡，工匠便和其他人一起站在路边迎候。

皇帝出来郊游，正高高兴兴地四顾欣赏风景，忽然觉得头上什么东西不对劲，伸手一摸：糟了，头上戴的平天冠坏了。现在离宫又这么远，回去也来不及，这岂不是有损皇帝的威仪吗？急中生智，他只得叫贴身的侍臣问一下路上的百姓有没有会修补平天冠的。听了侍臣的问话，工匠马上从人群里钻出来，恭恭敬敬地说："小人会修。"到底是自己的本行，工匠三下两下就把平天冠给修好了。皇帝非常高兴，马上叫左右赏赐给了工匠十分丰厚的财物，比他一年赚的钱还多得多。

工匠回家路上经过一座山，在山里他遇到一只老虎，吓得他转身就逃。可他听到老虎的叫声中充满了痛苦，像是在呻吟，就大着胆子仔细去瞧了一瞧，只见老虎眼里都是泪水，伸出爪子给工匠看，原来虎爪上扎了一根大竹刺，鲜血直流。工匠说了句："这个好办。"就取出随身携带的工具把竹刺给拔出来了。老虎用嘴扯了扯工匠的衣角，示意他不要走开，就跑了。不一会儿，老虎回来了，它衔来一头鹿放在工匠面前，好像是要作为给他的酬谢。工匠高兴地收下了。

回到家里，工匠赶紧叫来妻子说："我们要发财了，我有两个技术，可以马上致富。"说完他将大门上那块"打制金属装饰品"的牌子取下，换上一块"专修平天冠兼拔虎刺"的牌子挂了上去。可是他忘了平天冠只有皇帝一个人有，怎么会天天有人修，而虎刺就更可怕了，如果老虎来了，工匠恐怕还会有性命之忧呢。

※ 大道理

碰运气的事怎么能作为谋生的手段？如果我们都这样凭侥幸行事，恐怕就没有人会成功了。

农妇赶集

农妇家里养了几十只鸡，由于喂养得当，每只鸡都要下很多蛋，很快她就积攒了许多鸡蛋。听说邻村的集市上鸡蛋的价格很高，她就想拿自家的鸡蛋到市场上出售。

农妇想，该用什么东西来装这些鸡蛋呢？她找到一个很大的篮子，心想这下好了，一次就可以全装进去。于是她把所有的鸡蛋全放到了篮子里面。正要出去时，她丈夫看见了，建议她不要用这么的大篮子装这么多鸡蛋，换小点的篮子多装几次。农妇不以为然，她想，这篮鸡蛋才有多重，去年秋天，自己还背过比这更沉的东西呢。她丝毫也不理会丈夫的建议，提起篮子出发了。

谁知这个篮子好长时间不用，许多地方的藤条已经快断掉了，哪里承受得了这么多鸡蛋的重压。经她这么猛地一提，篮子的底部一下子就破开了，鸡蛋掉在了地上，全都摔碎了。

※ 大道理

“鸡蛋”放在一个篮子里，无形中就会增加许多风险。所以，不要将“鸡蛋”放在一个篮子里。但也不要放在太多的篮子里，那样会增加管理成本。

墨子看染丝

墨了在经过一家染坊时，看见工匠们将雪白的丝织品分别放进热气腾腾的染缸里，浸泡良久后取出，晾晒后就变成不同颜色的织物了。

墨子观察了染丝的全过程后，有所顿悟，不觉长叹一声，自言自语地说："本来都是雪白的丝织品，而今放到青色颜料的染缸里浸泡后就变成了青色，放到黄色颜料的染缸里浸泡后就变成了黄色。所用的颜料不同，染出来的颜色也随之不同。人何尝不是一样，在不同的环境里，受到的影响是不同的。"

※ 大道理

俗话说："近朱者赤，近墨者黑。"同染丝的道理一样，我们往往能够通过一个人所交往的人和他所处的环境，就可以大致判断出他的生活习惯和思维方式。

鹬蚌相争

有一天，一只大蚌慢慢地爬上河滩，张开两扇椭圆形的蚌壳，舒舒服服地躺在那里晒太阳。这时候，一只鹬鸟正顺着河沿觅食。它那又尖又长的利嘴，一会儿啄住一条小鱼，一会儿吞下一只水虫。当看到大蚌裸露的嫩肉时，它馋极了，用尖嘴猛地啄去。大蚌遭到突然袭击，吃了一惊，啪地一声合拢甲壳，像一把铁钳紧紧夹住了鹬鸟的嘴巴。

鹬鸟死死地咬住蚌肉，大蚌紧紧地钳着鹬嘴，谁也不肯松口。鹬鸟威胁说："今天不下雨，明天不下雨，你就会干死在河滩上！"大蚌也不示弱，回击说："你的嘴今天拔不出来，明天拔不出来，你就会饿死在沙滩上！"鹬鸟和大蚌就这样你咬着我，我钳住你，谁也不肯相让，谁也没法解脱。这时候，有一个渔翁来到河滩，看见鹬蚌相争的场面，就毫不费力地把鹬鸟和大蚌一起捉走了。

※ 大道理

“鹬蚌相争，渔翁得利。”很明显，竞争双方相持不下，必然会两败俱伤，这时获利的只能是第三方。

农夫和小牛

农夫家的母牛生下了一头小牛，几个月后，小牛长大了，但却十分调皮，给农夫惹了不少麻烦，虽然农夫惩罚了它几次，小牛却仍然劣性不改。有一天，这头小牛跑到邻人的地里，地里的庄稼被糟蹋得一塌糊涂。这次，农夫气坏了，他想，是时候给它点厉害瞧瞧了。

于是，他把油浸在麻绳上，绑在小牛的尾巴上，然后点上火。小牛由于受到了惊吓，四处乱窜，最后竟然跑到了农夫自己的地里，打起滚来，把地里的庄稼引着了，那时正当收获的季节，农夫一边追赶小牛一边痛哭，因为田里和庄稼都毁了。

※ 大道理

意气用事导致的不明智的决策必然会带来严重的损失。在竞争中，绝对冷静的、理性的决策尚且存在着大大小小的风险，更何况是在混乱状态下意气用事做出的决定呢？

两个渔夫

几天过去了，两个渔夫打到的鱼越来越少了，好像突然之间所有的鱼藏起来似的。最近，附近的海水都被污染了，鱼哪能不少呢？许多渔夫不得不到深海去打鱼了。

有一天，一大早，他们两个来到海边，太阳还没有出来，他们感觉到脚下似乎有什么东西，好像是两袋小石头。他们捡起袋子，将渔网放在一旁，都不说话，坐在岸边等待日出。他俩懒洋洋地从袋子里拿出小石头丢进水里。没有其他事可做，他们就继续把石头一颗颗地丢进了水里。

慢慢地，太阳升起，周围的一切也都变得亮了起来，他们突然看着对方的手不动了，因为他们发现各自手中竟然拿的是一颗宝石。在黑暗中，他们把整整两袋宝石都丢光了！

※ 大道理

生活给予了人们相同的机遇，但是有人却不具备把握机遇的敏感性，而错失机遇。而有的人却能及时把握机会，并且善于着眼于未来，因此，他们能发现越来越多的机会。

拔苗助长

有一个农民天天都到地里去劳动，非常辛苦。中午，烈日当空的时候，他身上没有任何遮拦，头上的汗珠直往下掉，浑身的衣衫被汗浸湿了，但他却不得不顶着烈日躬身劳作。下大雨的时候，也没有地方可躲避，他只好冒着雨在田间犁地，豆大的雨珠打得他抬不起头来。劳作日复一日，他每天傍晚回到家以后，累得就像死了一样。他多么希望庄稼苗赶快长起来，这样，他就可以稍微休息一下了。

这一天，他坐在田埂上休息，望着田地里的小苗，自言自语地说：

“庄稼呀，快快长高呀！”他念叨着，脑子里蹦出一个主意：“对呀，我原来怎么没想到，就这么办！”这个农民顿时来劲了，一跃而起开始忙碌，他把所有的庄稼都拔起了一截，看上去长高了很多。

这天太阳都落山了，他还没有回家吃饭。他的妻子早已做好了饭菜，坐在桌边等他回来。忽然门“吱呀”一声开了，农民满头大汗地回来了。他一进门就兴奋地说：“今天我们的庄稼长了很高，可把我辛苦死了。”他的妻子很奇怪，庄稼还没有到长得很高的时令啊！她就提了盏灯深一脚浅一脚地跑到田里去看。可是已经晚了，庄稼已经全都蔫了。

※ 大道理

播种与收获不在同一个季节，拔苗助长只会得不偿失。“拔苗助长”是违反科学规律的做法，不但会剥夺幼苗成长的快乐，还会造成它心灵上的伤害。

核桃和墙壁

一天，一只耳号鸟把一颗核桃带上了钟楼。这只鸟用爪子踩着核桃，三番五次地啄着，想要打开它的硬壳去啄食里面香嫩的果肉。这核桃突然逃掉了，然后拼命地滚进墙缝里，不见了。

可是，鸟儿还是守在那里，等待墙壁把坚硬的核桃抛出来。核桃看见自己的命运还不确定，便可怜巴巴地说：“好墙壁，你被建造得这么结实和高大，你救救我吧！可怜可怜我吧！”

耳号鸟“呱呱”地警告墙壁：“你可要当心点啊，核桃可是个危险人物。”

墙轻蔑地说：“危险吗？我看它不堪一击呢！我们不用和这个小人物

过不去吧！”它决定发善心把核桃留下来。耳号鸟失望地飞走了。

过了些日子，核桃裂开了嘴，长出根来，须根四处延伸，枝叶也从墙缝中伸展出去。核桃长得那么迅速，不久就长到钟楼上。它那粗壮有力的根毁坏了墙壁，墙壁意识到核桃的祸害时，为时已晚。核桃树还在长，它毫不动摇，长得结实有力，而墙壁却倾斜倒塌了。

※ 大道理

小祸患会发展成大危机。墙壁对自己的实力过于自信，对一个外来因素——核桃过于忽视。它保全了核桃，但是最终被核桃弄得四分五裂。

穿越沼泽地

一个人要穿过沼泽地，因为没有路，便试探着走。虽然艰险，但左跨右跳后，竟也能找出一段路来。然而好景不长，没走多远，不小心一脚踏进烂泥里，沉了下去。

又有一个人要穿过沼泽地，看到前人的脚印，便想：这一定是有人走过，沿着别人的脚印走一定不会有错。用脚试着踏去，果然实实在在，于是便放心走下去。最后也一脚踏空沉入了烂泥。

第三个人要穿过沼泽地，看着前面两人的脚印，想都未想便沿着走了下去，他的命运可想而知。

第四个人要穿过沼泽地，看着前面众人的脚印，心想：这必定是一条通往沼泽地彼端的大道，看，已有这么多人走了过去，沿此走下去我也一定能走到沼泽的彼端。于是大踏步地走去，最后他也沉入了烂泥。

※ 大道理

从众心理人皆有之，但以被动为前提的从众，势必使你失去独特的价值。一味从众便意味着失去了一片晴朗的天空，抛却了一片属于自己的领地。再说，从众也未必是最安全的选择。

黔之驴

过去贵州这个地方没有驴。有个多事的人用船运来了一头驴，运来后却没有什么用处，也舍不得杀它，就把它放到山脚下，任其自生自灭。

一只老虎下山来觅食，看见了驴，以为这个躯体高大的家伙一定很神奇。老虎不敢造次，就躲在树林里偷偷观察。看了半天，它又悄悄走出来，小心翼翼地接近驴。身为百兽之王的老虎可是个聪明的动物，当不知道驴子的底细的时候，它不愿意冒险。

有一天，驴叫了一声，老虎大吃一惊，远远躲开，以为驴要咬自己了。然而，驴叫了一声之后，继续吃草。老虎反复观察，越来越熟悉驴的叫声了，感觉那声音漫长悠然又软绵无力。

老虎开始走到驴的前后，转来转去，但还是不敢上去攻击驴。驴对于眼前的危险孰视无睹。老虎慢慢逼近驴，越来越放肆，或者碰它一下，或者靠它一下，不断冒犯它。驴开始躲来躲去，只求一个安静吃草的地方。但是，到了后来，它变得非常恼怒，就用蹄子去踢老虎。老虎敏捷地躲开了，心里高兴地盘算着："我以为你很了不起，原来你的本事也不过如此罢了！"于是老虎腾空扑去，大吼一声，咬断了驴的喉管，啃完了驴的肉，剩下一副骸骨在原地，才心满意足地离去了。

※ 大道理

千万不能暴露自己的弱点，不管是在强者面前，还是弱者面前，尤其不能暴露在竞争者面前，因为他们正虎视眈眈地看着你，一旦发现你的弱点，就绝不会手下留情的。

两只鹦鹉

母鹦鹉下了两个蛋，孵出了两只小鹦鹉。一天，当母鹦鹉出去寻找食物的时候，这两只小鹦鹉被一个猎人捉走了。其中有一只运气好，悄悄地逃跑了；另一只却被猎人关进笼子里，开始教它说粗鲁话，让鹦鹉为他解闷。那一只逃出去的小鹦鹉，幸运地被一个仙人带到自己隐居的地方，同样喂它东西吃，却教它礼仪和待客之道。

日子一天天过去了，两只鹦鹉都长大了。有一天，国王和他的卫队从猎人居住的森林经过，他的马不小心离开了卫队，来到猎人的住处。那只粗鲁的鹦鹉看到国王来了，立刻发出了一种乱七八糟的声音："喂，喂！我的主人呀！有一个人骑着马跑来了。你赶快出来杀死他。"国王听到了鹦鹉的话，拔出剑来杀死了这个报信的小间谍，然后赶快逃跑了。

当国王筋疲力尽的时候，他看到了仙人居住的静所。在这笼子里也有一只鹦鹉，它一见到国王就说道："来吧，来吧，国王呀！请休息一下吧！请喝点泉水，吃点甜果吧！仙人们呀，请你向尊敬的国王献水致敬吧！"

国王非常开心和满意，就向仙人求情，把自由重新还给了它。国王说："这一只伶俐可爱，我一见了就喜欢；那一只粗鲁无礼，真是死有余辜！”仙人知道了事情的缘由后，感叹道：“都是一样的小鸟，只因为说的话不一样，就得到了截然不同的下场。”

※ 大道理

不同的沟通方式会产生截然不同的后果。好的沟通方式往往能够带来意想不到的收获！

贪心的蜈蚣

据说上帝在创造蜈蚣时，并没有为它造脚，但是它仍可以爬得和蛇一样快。有一天，它看到羚羊、梅花鹿和其他有脚的动物都跑得比它还快，心里很不高兴，便嫉妒地说：“脚越多，当然跑得越快。”

于是，它向上帝祷告说：“上帝啊！我希望拥有比其他动物多得多的脚。”

上帝答应了蜈蚣的请求。就把好多好多脚放在蜈蚣面前，任凭它自由取用。

蜈蚣迫不及待地拿起这些脚，一只一只贴到身上，从头一直贴到尾，直到再也没有地方可贴了，它才依依不舍地停止。

它心满意足地看着满身是脚的自己，心中暗暗窃喜：“现在我可以像箭一样飞出去了！”

但是，等它一开始要跑步时，才发觉自己完全无法控制这些脚。这些脚劈里啪啦地各走各的，它非得全神贯注，才能使一大堆脚不致互相跌绊而顺利地往前走。

这样一来，它走得比以前更慢了。

※ 大道理

当欲望产生时，再大的胃口都无法填满。然而，贪多的结果真的是最好的吗？要学习接纳自己、欣赏自己，让我们能从欲念的无底深渊中得到释放与自由。

悬崖边

有一个人在森林中漫游的时候，突然遇见了一只饥饿的老虎，老虎向他猛扑上来。

他用最大的力气和最快的速度逃开，但是老虎紧追不舍。他被老虎逼入了断崖边上。

站在悬崖边上，他想："与其被老虎活活咬死，还不如跳入悬崖，说不定还有一线生机。"

他纵身跳入悬崖，非常幸运地卡在一棵树上。那是一棵长在断崖边的梅树，树上结满了梅子。

正在庆幸时，他听到断崖深处传来吼声，原来崖底有一只凶猛的狮子正抬头望着他。狮子的声音使他心颤，而更不妙的是，他转头看见一黑一白两只老鼠，正用力地咬着梅树的树干。

他经过一阵惊慌，很快又平静了："被老鼠咬断树干跌死，总比被狮子咬好吧？"

于是，他索性对身边的危险置之度外，不理不问。看到梅子长得正好，就采了一些吃起来。他觉得一辈子从没吃过那么好吃的梅子。

他心想："既然迟早都要死，不如在死前好好睡上一觉吧！"

他为自己找到一个三角形的枝桠，在树上沉沉地睡去。

一觉醒来，他发现黑白老鼠不见了，老虎、狮子也不见了。

他顺着树枝，小心翼翼地攀上悬崖，终于脱离险境。

原来就在他睡熟的时候，饥饿的老虎按捺不住，跃下悬崖。黑白老鼠听到老虎的吼声，惊慌地逃走了。跳下悬崖的老虎与崖下的狮子经过激烈打斗，双双负伤而遁。

※ 大道理

在漫长的人生当中，我们会经常遇到坏的结果，甚至是绝境，只要我们心态平和，就会绝处逢生。其实没有什么事是挺不过去的。失败了又怎样？最坏的结果不过是退回到原处，可是我们还增加了不少工作经验和人生体验呢。

给猫挂铃铛

谷仓里老鼠深受猫的侵袭和追捕，感到十分苦恼。于是，它们在一起开会，商量用什么办法对付猫的骚扰，以求平安。

会上，众鼠仁者见仁，智者见智，提出了各种方法，但都被一一否决。最后，一只小老鼠提议说在猫的脖子上挂个铃铛，只要猫一活动，铃铛就会响，便给老鼠们报了警，大伙就有时间逃跑。大家对它的建议报以热烈的掌声，并一致通过。

有一只年老的老鼠坐在一旁，一声没吭。最后，它站起来说："这个办法是非常绝妙，但有一个小问题需要解决，那就是派谁去把铃铛挂在猫的脖子上？"

众鼠面面相觑，谁都没有这个胆量去冒这个险，美妙的设想最后落了空。

※ 大道理

正确的战略战术和周密实际的作战计划，不是人们头脑里空想出来的，而是根据实际情况，通过科学的分析、归纳、总结制定出来的。空想对于未来的发展没有任何意义。

你自己最伟大

一个小老鼠从一间房子里爬出来，看到高悬在空中、放射着万丈光芒的太阳。它禁不住说:“太阳公公，你真是太伟大了！”

太阳说:“待会儿乌云姐姐出来，你就看不见我了。”

一会儿，乌云出来了，遮住了太阳。

小老鼠又对乌云说:“乌云姐姐，你真是太伟大了，连太阳都被你遮住了。”

云却说:“风姑娘一来，你就明白谁最伟大了。”

一阵狂风吹过，云消雾散，一片晴空。

小老鼠情不自禁道:“风姑娘，你是世界上最伟大的了！”

风姑娘有些悲伤地说:“你看前面那堵墙，我都吹不过呀！”

小老鼠爬到墙边，十分景仰地说:“墙大哥，你真是世界上最伟大的了。”

墙皱皱眉，十分悲伤地说:“你自己才是最伟大的呀，你看，我马上就要倒了，就是因为你的兄弟在我下面钻了好多的洞啊！”

果真，墙摇摇欲坠，墙角跑出了一只只的小老鼠。

※ 大道理

我们每一个人都是唯一的。所以，要正确认识自己的价值，对自己充满自信，不断发挥自身的潜力，才能将我们生存的意义充分体现出来。

狐狸的预见

狮子老了，已经不能再凭借自己的力量去猎取食物了，为了活下去，狮子想，只有用智取的办法才能获得食物。于是它就找了一个山洞，躺在里面假装生病，当其他小动物走进来窥探的时候，狮子就轻易地抓住它们，然后把这些小动物吃掉。

就这样，许多小动物都被狮子吃掉了。狐狸发现森林里的小动物越来越少，心里十分疑惑，当它发现这些小动物都是在狮子藏身的那个山洞消失的时候，心里就明白了。

狐狸来到狮子藏身的山洞，但却远远地站在洞口，不往里面走，隔着很远的地方，狐狸向狮子喊道："狮子大王，最近身体怎么样了？"

狮子听见狐狸来了，心想又能美餐一顿了，就回答说："很不好，狐狸兄弟，你快进来看看我啊！"

只听狐狸慢慢地说道："大王，如果我没发现只有进去的脚印，而没有一个出来的脚印的话，我也许会进洞去，但是现在，还是你自个儿待着吧。"

※ 大道理

对未来的预期决定了我们收益的方向，所以要善于从现有的现象中分析出和自己休戚相关的信息来，根据这些信息做出下一步的决策。

钓　鱼

有个人和几个朋友去海滨旅行，行程中有钓鱼这项安排，于是几个朋友一起去购买钓具。商场里，这个人坚持要买一根重型的钓鱼竿和线轴。朋友们开玩笑说道：“你是打算钓一条鲸鱼吧？”

他笑一笑，并不理会这些听起来打击他信心的玩笑。

不久他们来到了海滨，一个朋友的鱼线被挣断了，那人抱怨说他应该准备重一些的钓具。

很快的，这个人的线被拉紧了，是一条大鱼！半个小时后，他把战利品拖上了船，一条30磅重的大家伙！

※ 大道理

如果你想钓一条大鱼，那你要先准备好钓大鱼的工具。

驴的哲学

有一天，农夫的驴子不小心掉进一口枯井里，农夫绞尽脑汁想救出驴子，但几个小时过去了，驴子还在井里痛苦地哀嚎着。

最后，农夫决定放弃，他想，这头驴子年纪大了，不值得大费周章去把它救出来，不过无论如何，这口井还是得填起来。于是农夫便请来左邻右舍帮忙一起将井中的驴子埋了，以免除它的痛苦。

邻居们人手一把铲子，开始将泥土铲进枯井中。当这头驴子了解到自己的处境时，刚开始哭得很凄惨，但出人意料的是，一会儿之后这头驴子就安静下来了。农夫好奇地探头往井底一看，出现在眼前的景象令他大吃一惊：当铲进井里的泥土落在驴子的背部时，驴子的反应令人称奇——它将泥土抖落在一旁，然后站到铲进的泥土堆上面！

就这样，驴子将大家铲倒在它身上的泥土全数抖落在井底，然后再站上去。很快地，这只驴子便得意地上升到井口，然后在众人惊讶的表情中快步地跑开了！

※ 大道理

在生命的旅程中，我们难免会陷入“枯井”，会遭遇“泥沙”埋身。而从“枯井”中脱身的唯一方法就是将“泥沙”抖落掉，然后站到上面去！

两只青蛙

有两只青蛙不小心掉到一桶牛奶中，其中一只认为没有生路了，必死无疑，没怎么挣扎，就放弃了希望，沉到桶底下。

另一只青蛙，不甘心就此罢休，不停踢动双脚，牛奶经它一再的搅拌，居然逐渐结成奶酪，等奶酪变硬后，青蛙双脚一跃，轻易就跳出了牛奶桶。

※ 大道理

面对绝境，你可以再坚持一下，奇迹总是在意想不到中出现。不管事情的结果如何，努力过，心中就无遗憾。

选择方向

有两只蚂蚁想翻越一段墙，去墙的那头寻找食物。一只蚂蚁来到墙脚就毫不犹豫地向上爬去，可是每当它爬到大半时，就会由于劳累而跌落下来。可是它不气馁，一次次跌下来，又迅速地调整一下自己，重新开始向上爬去。

另一只蚂蚁观察了一下，决定绕过墙去。很快地，这只蚂蚁绕过墙，来到食物面前，享受美餐；而另一只蚂蚁还在不停地跌落下去，又重新开始。

※ 大道理

很多时候，成功除了勇敢、坚持不懈外，更需要找对方向。

扛竹竿进城

有一个鲁国人扛着一根长长的竹竿到城里去卖。可当他走到城门口时犯愁了，因为他想不出用什么办法将竹竿扛进城去。如果把竹竿竖起来进城门，竹竿比城门高出一截；把竹竿横起来拿着走，竹竿比城门又宽出一截。他横竖比划了半天，弄得满头大汗，就是进不了城门。

这时，一个老头经过城门，看见那人愁眉苦脸的样子，就走过去对他说："我虽然不是什么圣人，但一生经历的事情比你多。既然是竹竿长、城门小，你为什么不把竹竿从中间截成两段呢？那样不就变成竹竿短、城门大，可以毫不费力地进城了吗？"

拿竹竿的人听了非常高兴，说："太好了。"

于是他找来锯子，将竹竿锯成两段，然后进了城门。

可是，这个卖竹竿的人在城里转了一天，竹竿就是卖不出去。因为他没想到，锯短的竹竿虽然是扛进了城，但是由于竹竿太短，无人问津，几乎成了废品。

※ 大道理

盲从会办糟许多好事。做任何事情都要想想动机与效果，敏锐的判断力是必不可少的。如果只为解决问题而解决问题，结果必然是悲剧性的。

不过，自作聪明、好为人师的人也是相当愚蠢可笑的。

不材之木

一个很有名的木匠带徒弟们寻找适合造船的木材。当走到一座庙宇附近的时候，看见在土地庙旁，长着一株参天大树。这棵树的树荫可以遮盖几千头牛，树身有百尺粗，树干一直越过山头，才有枝叶，光可以用来造船的旁枝就有十几枝。在庙旁，许多人都在围观这棵巨树。

但令徒弟们感到奇怪的是，师傅竟然视而不见，对这棵巨树不屑一顾，仍不停脚地往前赶路。徒弟们十分疑惑，不明白师傅的意思，就追着师傅问道："自从我们跟着您走南闯北学手艺以来，还从没有碰见这样好的木材，可您为什么看也不看它呢？"

师傅说："你们不要再夸那棵树了，它是棵脆而不坚的树木，如果用来造船的话，会沉；如果做棺材，会很快腐烂，即使制成柱子也会被虫蛀……"

“可是，它确实是一棵少有的巨树啊！”徒弟们惊叹道。

“是啊！正因为它不能用来做任何东西，所以才长得这么大，有这么长的寿命！”师傅慢慢地说。

※ 大道理

做事情的时候，不能被表面现象所迷惑，要透过现象看本质，否则，就会做出错误的判断。

刺猬取暖

森林中有十几只刺猬冻得直发抖。为了取暖，它们只好紧紧地靠在一起，却因为忍受不了彼此的长刺，很快就各自跑开了。

可是天气实在太冷了，它们又想要聚在一起取暖，然而靠在一起时的刺痛使它们又不得不再度分开。就这样反反复复地分了又聚，聚了又分，不断在受冻与受刺两种痛苦之间挣扎。最后，刺猬们终于找到了一个适中的距离，既可以相互取暖而又不至于被彼此刺伤。

※ 大道理

在人际交往中，距离是一种美，也是一种保护。有距离，彼此就会尊重对方，就不会因发生碰撞而彼此伤害。

黎丘老丈

梁国的北面有个黎丘乡，那一带有个鬼怪，经常装扮成乡人的子侄、兄弟的模样。有一天，一位老人在集市上喝醉了酒往家走，在半路上碰到了扮做自己儿子模样的黎丘鬼怪。那鬼怪一边假意搀扶老人，一边左推右晃，让老人一路上受够了罪。

第二天，老人酒醒之后，想起自己醉酒回家时在路上吃的苦头，他气愤地对儿子说："我是你的父亲，我平日对你不够慈爱吗？你在路上那样折腾我，是为什么呢？"

他的儿子一听这话，感到十分委屈。他流着眼泪，伏在地上磕头说："这真是作孽呵！我哪能对您做这种不仁不义的事呢？昨天我到东乡找人收债去了。您如果不相信，可以到东乡去问清楚。"

老人相信了儿子的话。他左思右想，恍然大悟地说："对了，一定是人们常说的那个鬼怪干的！"他想：我明天还去集市上喝酒，再遇上那个鬼怪，我就杀了它。

第二天，老人在集市上又喝醉了酒，他一个人跌跌撞撞地往回走。他的儿子担心父亲在外醉酒回不了家，就沿着通往集市的那条路去接父亲。老人远远望见儿子向自己走来，以为又是上次碰到的那个鬼怪。等他的儿子走近的时候，老人拔剑刺了过去。这位老人由于被貌似自己儿子的鬼怪所迷惑，最终竟误杀了自己的亲生儿子。

※ 大道理

人必须善于分辨真假，不要被假象所迷惑，假象带来的后果往往是最恶劣的。

蛇族搬家

那年夏季，久旱不雨。严重的缺水使庄稼地裂开一道道又宽又深的口子，不少的池沼也干涸了。原来栖息在水沼中的一些虫、鱼、蟹、蛙，能够搬迁的都搬走了。最后还剩下两条花蛇。它们眼看着池沼边的杂草全部枯萎，也准备另找一处安身之地。

临行之前，那小蛇对大蛇说："你身强力壮走得快。如果你在前面走，我在后面跟，这样目标太大。人们一看到蛇在行动，肯定会来捕杀。你走在我的前面，必然先遭祸殃。因此，我们应该换一种方式。你最好背着我走。因为人们从来没有见过哪一类蛇是这种模样，也从来没有看到哪一条蛇像这样行走，所以一定会起疑心。如果他们把我当成一位神君，对我们敬而远之，我们不是可以蒙混过关，安全抵达目的地了吗？"

大蛇觉得小蛇的话有道理，于是背起小蛇穿过大路，扬长而去。见到这两条蛇上下重叠着蜿蜒游走的人都很恐惧，谁也不敢靠近它们。这些人回去以后，一个个绘影绘声地向旁人描述自己所见到的情景，并煞有介事地说："刚才我看见蛇神了。"

※ 大道理

如果大蛇和小蛇单独走的话，两者都可能遭到人们的攻击并因此丧命；但是如果大蛇和小蛇合作的话，两者都可以保全性命，安全地抵达目的地。这就是合作的力量，它能够起到"1+1>2"的作用，使合作的双方达到双赢。

移山大法

有一个大师，一直潜心苦练，几十年练就了一身“移山大法”。

有人虔诚地请教：“大师用何神力，才得以移山？我如何才能练出如此神功呢？”

大师笑道：“练此神功也很简单，只要掌握一点：山不过来，我就过去。”

※ 大道理

如果事情无法改变，我们可以改变自己，这样可以让生活中的困扰迎刃而解。

杯弓蛇影

从前，有个人碰见自己很要好的一个朋友，就问朋友：“最近怎么不到家中做客了？”

只听朋友回答说：“上次在您家里做客的时候，承蒙您盛情款待，但在您给我敬酒时，我发现杯子中有一条蛇，所以心里感到特别不舒服，喝下去后就病倒了。”

“杯子里怎么会有蛇呢？”他想了半天，最后才恍然大悟，原来当时在招待客人的时候，自己客厅的墙壁上挂着一张弓，朋友杯中的蛇大概就是这张弓的影子吧！

于是，他就邀请朋友再次到家中做客，并在前次招待朋友的地方摆设了酒宴，让朋友还坐在上次坐过的地方。然后就问朋友："您看一下，在您的酒中看到什么了没有？"朋友端起酒杯看了看，惊恐地回答说："跟上次一样啊，酒里面有一条蛇！"

这时，主人就把挂在墙上的弓摘了下来，朋友再看自己的酒，发现酒中的蛇不见了。他一下子就明白了，久治不愈的心病一下子就好了。

※ 大道理

疑神疑鬼不但会引起别人的不满，还会使自己丧失信心、失去快乐。

死　海

很久以前，有许多河流注入死海，所以死海的水位一直在不断地上涨。由于有活水流入，死海也显得生气勃勃。可是它却感到十分恼火，因为它觉得自己的海水原本是甘甜可口的，就是由于这些河流的汇入，才使水里的盐的浓度增加，所以它就对这些河流抱怨道："我的水本是甘甜可口的，是你们将它变成咸涩而不可饮用的水的。"

河流知道它是有意来责难的，便说："那我们从此以后就再也不流到你这里来了，你也就不会变咸了。"

就这样，以前流向死海的河流都改道了，可是死海的水非但没有因此而变得甘甜可口，反而更咸了。而且现在更为致命的是，由于没有河流的不断注入，死海的水位开始下降，这时它才明白是那些看起来让它生气的河流给予了自己生命，可是为时已晚。

※ **大道理**

海纳百川，有容乃大，当死海拒绝了为它汇聚活水的溪流时，它也就选择了枯寂。

牧羊人与断角羊

有一天牧羊人把一群山羊赶到绿草如茵的山坡上去吃草。

山羊同往常一样各自分散开，埋头吃着青草，而牧羊人则躺在一棵大树底下，吹奏他心爱的笛子。

中午时分，牧羊人从一只小布袋里取出面包和奶酪，吃饱了肚子，又走到清泉边喝足了水，然后躺下睡觉。

牧羊人醒来时，太阳快要下山了。他赶紧爬起身吆喝着，把分散的一只只山羊召集起来。可是数来数去总是少一只。最后，他看见那只掉队的山羊站在一块高耸大岩石上。牧羊人冲着它吹了一声口哨，可是那只山羊就像没有听见一样。

牧羊人不禁火冒三丈，从地上捡起一块石头朝那只山羊掷去，他只是想吓唬一下那只山羊，让它快点从岩石上下来。没有想到，牧羊人投掷得那样准，那块石头竟击中了山羊的一只角。也许是他用力太大的缘故，那只角顿时断成了两截。

牧羊人一时不知所措，因为他知道，要是他的主人发现了，肯定会怪罪他没有尽心尽力放牧好羊群，不知会怎样惩罚他呢，说不定还会因此把他赶走。

在绝望中，牧羊人央求那只山羊，说："亲爱的山羊，请你帮帮我的忙，不要告诉我的主人你今天的遭遇，要不我就完蛋了！"

“你放心吧，我保证不会告状！”山羊回答说，“但是，我怎么能遮掩得住我的遭遇呢？所有人都会清楚地看到我的一只角断了。”

※ 大道理

出了问题，逃避是无济于事的，掩饰、遮盖也是徒劳无功的。针对问题，想一些切实可行的办法，才是解决问题的正确态度。

叶公好龙

从前有位叶公，特别喜欢龙。他屋内的梁、柱、门、窗，都请巧匠雕刻上龙纹，雪白的墙上也请工匠画上一条条巨龙，甚至他穿的衣服、盖的被子、挂的蚊帐上也都绣上了活灵活现的金龙。

方圆几百里的人都知道叶公好龙。天上的真龙听说以后，很受感动，亲自下来探望叶公。巨龙把身子盘在叶公家客堂的柱子上，尾巴拖在方砖地上，头从窗户里伸进了叶公的书房。叶公一见真龙，顿时吓得面色苍白，转身逃跑了。

※ 大道理

识别一个人，不能只听他说的，还要看他的行动。就像叶公平时总说他爱龙，可一旦真龙出现，他那怕龙的本质便暴露无遗了。

弈秋诲弈

弈秋棋艺高超，是全国最好的棋手。他同时教两个学生下棋，其中一个学生非常专心，集中精力跟老师学习。另一个却不这样，老师教他下棋的时候，他看起来也像是在听，可心里却想着：现在空中大概正有鸿雁飞来，如果我用弓箭把它射下来，美餐一顿多好啊……结果，虽然这两个学生在一起学习，又是同一个名师传授，然而，一个成了棋艺高强的棋手，另一个却没有学到什么本事。

※ 大道理

专心，是成功的神奇之钥，凡事专注必能成功。

钥　匙

一把坚实的大锁挂在大门上，一根铁杆费了九牛二虎之力，还是无法将它撬开。钥匙来了，它瘦小的身子钻进锁孔，只轻轻一转，大锁就“啪”地一声打开了。

铁杆奇怪地问：“为什么我费了那么大力气也打不开，而你却轻而易举地就把它打开了呢？”

钥匙说：“因为我最了解它的心。”

※ 大道理

人心就如上了锁的大门，如果没有“关怀”这把细腻的钥匙，任你再粗的铁棒也撬不开。

猎人的狗

猎人养了一只特别敏锐的猎狗，森林里的其他动物每当看到猎狗时，都会远远地躲开。由于猎狗每次出去都会给主人带来好多猎物，主人对猎狗特别好。

有一天猎人家里突然出现了一只狐狸，它跑来对猎人说："猎人，你的猎狗现在对你不忠了，它每次逮到猎物都会自己先藏起来一些，把剩下的留给你。"猎人知道狐狸狡猾，并没有把它说的话当回事。

第二天，来了一只小白兔，它也对猎人说："猎人，你的猎狗经常把打到的猎物藏起来，剩下很少的一部分给你。"猎人看到小白兔都这么说，有些动摇了，但还是不相信，因为猎狗一直都很忠于他。

第三天，小松鼠来了，它对猎人说："猎人，你的猎狗藏起来了很多食物。"这时候，猎人终于忍不住相信了它们的话，觉得猎狗真的背叛他了，于是一怒之下就把猎狗杀了。

※ 大道理

谣言重复千遍，就会变成真理。可见，流言是可怕的。要是被流言迷惑了，将会给自己造成巨大的损失。面对流言，我们要做的是查清事实，而不是妄断是非。

掩耳盗铃

春秋时候，晋国贵族智伯灭掉了范氏。有人趁机跑到范氏家里想偷点东西，他看见院子里吊着一口大钟。

钟是用上等青铜铸成的，造型和图案都很精美。小偷心里高兴极了，想把这口精美的大钟背回自己家去。可是钟又大又重，怎么也挪不动。他想来想去，只有一个办法，那就是把钟敲碎，然后再分别搬回家。

小偷找来一把大锤，拼命朝钟砸去，“咣”的一声巨响，把他吓了一大跳。小偷着慌，心想：“这下糟了，这种声音不就等于是告诉人们我正在这里偷钟吗？”他心里一急，身子一下子扑到了钟上，张开双臂想捂住钟声，可钟声又怎么捂得住呢！钟声依然悠悠地传向远方。

他越听越害怕，不由自主地抽回双手，使劲捂住自己的耳朵。“咦，钟声变小了，听不见了！”小偷高兴起来，“妙极了！把耳朵捂住不就听不见钟声了嘛！”他立刻找来两个布团，把耳朵塞住，心想，这下谁也听不见钟声了。于是就放手砸起钟来，一下一下，钟声响亮地传到很远的地方。人们听到钟声蜂拥而至，把小偷捉住了。

※ 大道理

“若想人不知，除非己莫为。”愚蠢自欺的掩饰行为除了会暴露自己做贼心虚外，还会造成自己对外界的感知能力的下降。

折　箭

吐谷浑的首领阿豺有二十个儿子。一天，阿豺对他们说：“你们每人给我拿一支箭来。”他把拿来的箭一一折断，扔在地上。过了一会儿，阿豺又对同母弟弟慕利延说：“你拿一支箭把它折断。”慕利延毫不费力地折断了。阿豺又说：“你再取十九支箭来把它们一起折断。”慕利延竭尽全力，怎么也折不断。阿豺意味深长地说：“你们知道其中的道理吗？单独一支容易折断，多支箭合在一起就难以折断了。只要你们同心协力，我们的江山社稷就可以永远稳固。”

※ 大道理

单则易折，众则难摧。这则寓言是“团结就是力量”的最好佐证。

朝三暮四

宋国有个养猴子的人，非常喜欢猴子，家里养了一大群。他能够了解猴子的意愿，猴子也很会讨他的欢喜。养猴人宁肯减少自己家人的口粮，也要让猴子吃饱。

不久，养猴人家里贫穷了，打算减少猴子的饲料，可又怕猴子们不顺从自己，于是先骗猴子说：“今后分给你们的橡栗，早晨三颗，晚上四颗，够了吧？”猴子们听了，又吵又跳地发脾气。过了一会儿，养猴人又改口说：“以后分给你们橡栗，早上四颗，晚上三颗，够了吧？”猴子们听了，都高兴得手舞足蹈。

※ 大道理

寓言“朝三暮四”蕴含的道理有三：不辨“朝三暮四”和“暮四朝三”的人，只会没有头脑地盲目计较，实在可笑；在复杂的客观世界里，看问题必须摒除实同形异的假象诱惑；反复无常、见异思迁之人恐怕是最难让人忍受的，对付这种人除了施以重拳之外，别无他法。

迂儒救火

赵国人成阳堪家的房子着了火，想要扑灭，却没有梯子上房。他连忙打发儿子成阳朒到奔水先生家去借梯子。

成阳朒衣帽穿戴得整整齐齐，很从容地迈着方步去了。见到奔水先生以后，他彬彬有礼地连作了三个揖，然后跟着主人缓步登堂入室，在西面柱子之间的席位上坐下，一声不响。奔水先生让家人设宴招待。酒席上，主人向成阳朒敬酒，成阳朒起立，举着酒杯，慢慢喝下，并回敬主人。酒喝完了，奔水先生问道："您光临寒舍，请问有什么吩咐呢？"成阳朒这时才开口说明来意："上天给我家降下大祸，发生了火灾，烈焰正在熊熊燃烧。想上房浇水灭火，无奈两肘之下没生双翼，一家人只能望着着火的房子哭喊。听说您家里有梯子，能否借我用用呢？"奔水先生听了，急得跺着脚说："您怎么这样迂腐呢！您怎么这样迂腐呢！要知道，在山上吃饭遇到猛虎，必须赶紧吐掉食物逃命；在河里洗脚看见鳄鱼，应该马上弃掉鞋子跑开。房子已经着了火，是您在这里作揖打拱的时候吗？"

奔水先生急忙命人抬上梯子跟他回去。等他们赶到时，房子早已化为灰烬了。

※ 大道理

学问学多了如果不善加运用，就会变得非常迂腐，甚至连基本的人世常识、人情伦理都忘却了。

刻舟求剑

楚国有个人乘船渡江，他的剑从船上掉进水里了。这个人便急忙在船帮上刻下一个记号，说："这是我的剑掉下去的地方。"等船靠岸停下后，他就从刻记号的地方下水去找剑，然而却没有找到剑。

船已经走动了，可是剑却不会跟着走，像他这样去寻找剑，岂不是太糊涂吗？

※ 大道理

思想僵化，看不到事物发展变化的人，就会犯刻舟求剑的错误。所以，遇事一定要随着客观实际的变化而变化。

五十步笑百步

孟子为了推行自己的一套治理国家的政治主张，来到了魏国首都大梁（今河南开封），拜见了魏国的国君梁惠王。一天，梁惠王同孟子谈到如何治理国家时，诉起苦来："我对于国家，真是尽心尽力了。比如说，河内遭了灾，就把一部分人民迁到河东去，同时把河东的粮食运往河内，让老百姓有吃有喝。河东遭了灾也是这样。我考察过邻国的政治，没有像我这样用心的。但邻国的百姓不减少，我的百姓不增多，这是为什么呢？"

孟子看他愁眉苦脸、迷惑不解的样子，笑着回答说："大王喜欢打仗，就让我用战争来打个比方吧。两军交战，战鼓咚咚敲响，双方刀枪刚一接触，就有士兵丢盔弃甲拖着武器向后逃跑。有的人一口气跑了一百步才停下来，有的只跑了五十步就站住了。跑五十步的嘲笑跑一百步的说：‘你们这些胆小鬼，跑得可真快呀！’大王您说他们骂得有理吗？”

梁惠王忙说：“毫无道理！那些人只不过没跑到一百步就是了，但同样也是逃跑嘛，凭什么嘲笑跑一百步的！”

孟子接着说：“大王如果懂得这个道理，就知道您的魏国并不比别的国家强多少，那就不要再希望你的百姓比邻国多了。”

※ 大道理

和别人有同样的缺点错误，如果仅在程度上有差别，不但不值得高兴，反而该自我反省，检讨错误。

越人溺鼠

在越国的一户人家里，有只老鼠总喜欢夜间出来偷吃谷子。这个越人便故意把谷子放在一个大罐子里，任凭老鼠去吃，不加理睬。因此，老鼠便把其他老鼠都招来，到罐子里吃谷子，每次都要饱餐一顿才回去。有一天，越人把罐子里的谷子换成了水，又在水面上撒了一层谷糠，糠在水面上漂着。而老鼠却一点也不知道，到了夜晚，又都一起跑来，一个接一个地跳进罐子里，结果全部被淹死了。

※ 大道理

“将欲取之，必先予之。”这可是千百年来屡试不爽的斗争策略。

恃胜失备

有一个人碰到一个强盗，他们格斗起来。二人各举刀枪，刚要交锋，强盗把事先含好的一满口水突然喷到这个人脸上，这人蓦然一惊，刹那间，强盗的刀尖已刺进了他的胸膛。

后来，有一个壮士又碰到了这个强盗。壮士早已经知道强盗喷水的花招。那强盗果然故伎重演，他口里的水刚喷出，壮士的长枪已经刺穿了他的脖子。

强盗的这种办法过去用过了，秘密已经泄漏，他还想依赖这一套侥幸取胜的办法，结果失去了戒备，反而受了它的祸害。

※ 大道理

故伎重演，别人自会有所准备。如果自恃聪明，不加防备，其结果肯定是必败无疑，反受其害。

薛谭学歌

有个叫薛谭的小伙子，跟秦国的秦青学唱歌。他还没有把秦青的技艺真正学到手，就以为自己学得差不多了，急着向老师告辞回家。秦青也没有阻拦他，把他送到城外的大道旁，为他饯行。席间秦青轻轻地打着节拍，唱了一首十分动听的歌，那高亢的歌声振动了林间的树木，连空中飘动的云彩也停住不动。薛谭这时认识到了自己与老师的差距，急忙向老师道歉，要求回去继续学习。从此以后，他再也没有说过回家的话。

※ 大道理

浅尝辄止是不会学到真东西的。只有抱着谦虚谨慎的态度不断地去学习，才会有所成就。

自相矛盾

楚国有个人在集市上卖盾牌和长矛。他先举起手中的盾牌说：“你们看，我手上的这块盾牌，坚硬无比，任凭您用什么锋利的矛也不可能刺穿它！”接着，他又拿起了一根长矛说：“这根长矛，特别锋利，它能刺穿任何坚固的盾！”这时，围观的人中有一个人走过来问这个楚人：“拿你的矛刺你的盾，看看会怎样呢？”结果，这个楚人张口结舌，无言以对。

※ 大道理

思想要有确定性，对同一论断既给予肯定又给予否定的行为，不但违反了客观规律，还会授人以柄。

火鸡和牛粪

一只火鸡和一头牛闲聊，火鸡说：“我希望能飞到树顶，可我没有勇气。”牛说：“为什么不吃一点我的牛粪呢，它们很有营养。”火鸡吃了一点牛粪，发现它确实给了它足够的力量飞到第一根树枝，第二天，火鸡又吃了更多的牛粪，飞到第二根树枝，两个星期后，火鸡骄傲地飞到了树顶，但不久，一个农夫看到了它，迅速地把它从树上射了下来。

※ 大道理

借力也许可以让你达到顶峰，但不会让你永远站在那里。所以，要想站到属于自己的枝头，一定要付出百分之百的努力。

第三篇

小幽默　大道理

做菜与开车

妻子正在厨房炒菜。丈夫在她旁边一直唠叨不停：

“慢些。小心！火太大了。”

“赶快把鱼翻过来。”

“快铲起来，油放太多了！”

“把豆腐整平一下！”

……

“哎——！”妻子脱口而出，“是我懂得怎样炒菜，还是你懂？”

“当然是你懂了，太太，”丈夫平静地答道：“我只是想要让你现在领会一下，我在开车时，你在旁边喋喋不休，我的感觉是什么样的。”

※ 大道理

其实学会体谅他人并不困难，只要你愿意诚恳地站在对方的角度和立场看问题，一切矛盾迎刃而解。这也是保证夫妻关系融洽的一个重要方面。

另有所爱

有个青年男子傍晚到女友家串门。女友父母找了个借口一同外出，留下空间给这对青年谈情说爱。

家里安静下来后，男子对女友低声说：“亲爱的，你不介意我关掉外面走廊上的灯吧？”

“不！”女友低声回答。于是男子关掉屋外的那盏灯。

“你不介意我再关掉房子里的灯吧？”

“不！”她红着脸说。于是，男子又关掉了房子里的灯。

“亲爱的，我连桌子上的台灯也关掉好吗？”男子满心欢喜地悄声问道。

“好的！”女友的头埋得更低了。

当黑暗笼罩周围之后，男子得意地伸出手：“亲爱的，瞧瞧我这块夜光表，你看值不值 2000 元呢？”

※ 大道理

处人不可任己意，要悉人之情；处事不可任己见，要悉事之理。特别是在爱情面前，人们往往都会十分敏感，误会或者是误解便会乘虚而入。

父女对话

公共汽车上，一个不到六岁的小女孩很认真地对她的爸爸说：

“爸爸，我不想死。”

“好的，只要爸爸不死，就保证你不死。”

“可是爸爸会死吗？”

“只要爷爷奶奶活着，他们会保证爸爸也不死。”

“可是爷爷奶奶会死吗？”

“那是他们的爸爸妈妈的事了，爸爸可管不了……”

小女孩愣了神。孩子的父亲刚深吸一口气，还没有来得及为刚才的急中生智自得，问题又来了：

“爸爸，叫妈妈再给我生个小弟弟吧。”

“要小弟弟干什么？”

“有人陪我玩啊。”

“那你跟你妈妈说说吧。”

“妈妈说要我跟你说。”

“要弟弟干什么？爸爸穷，养不起他。”

“可是我就是想要个小弟弟啊。”

“那……你可要想好了，他可要跟你一起吃苹果、巧克力，还要一起喝可乐、雪碧。”

“可以啊，你买两份。我们一人吃一份。”

“什么？都说了爸爸穷了，你要把你的一份分给他一半。”

“那……那我还是不要小弟弟了吧。”

说到这里，做父亲的脑门上开始见汗，从女儿手里拿过可乐瓶子，刚想喝一口。女儿又说话了：

“爸爸，我不想生孩子。”

“啊？为什么呀？”

“生孩子多疼啊。”

“你怎么知道的？”

“电视里演的，都是疼得直哭呢。”

“哦！只要你不想生就行，你不同意就没人能叫你生孩子。”

“可是我们班程程说不管想不想，女人都得生孩子。”

“你信他说的干什么？”

“爸爸，程程说了，他长大以后要跟我结婚。”

※ 大道理

对孩子教育的重点不应该完全放在知识的灌输上。金钱、性、生死等严肃的问题也没必要避讳，应该正确地去引导，毕竟这些事情孩子总有一天要亲自去面对。

捉糊涂虫

有个地方官常常胡乱断案，老百姓称他“糊涂虫”，还到处张贴嘲笑他的诗：“黑漆皮灯笼，半天萤火虫。粉墙画白虎，青纸写乌龙。茄子敲泥磐，冬瓜撞木钟。天昏与地暗，哪管是非公。”

他看到后，立即传令差役说：“人们都在怨恨糊涂虫，本官限令你们三天内捉三个来，少一个不行！”

差役只得喏喏退下，硬着头皮出去办案。忽见路上有个人头顶着包骑着马走，便问：“喂，为啥不把包放在马上？”

回答说：“顶在头上，马可以省力些。”

差役说：“这人可算糊涂虫了。”立即将之拿下。

来到城门边，又见有个人擎着一根竹竿进城，竖拿着，比城门高；横拿着，比城门宽。横竖不得进门，便站在那里干着急。差役想：“这人也是个糊涂虫！”也立即把他拿下。捉了两个，还差一个，寻来寻去寻不到，只得先把两个带回。

地方官马上升堂问案。对第一个，他判断说：“你头顶着包骑马，还说省马力，真是糊涂！”对第二个又下判断：“你手拿竹竿进城，竖进，城门矮；横进，竿长。为什么不把竹竿锯断？可见也是糊涂虫。”

差役连忙跪上前禀告：“老爷，第三个糊涂虫也有了！”

地方官问：“在哪里？把他带上来！”

差役答道：“只等下一任老爷到来，小人马上把他捉来。”

※ 大道理

世人皆醉我独醒。你醉，他醉，就是看不到自己的醉态。这样的人其实是最可怜的糊涂虫。生活和工作中，总是用一种挑剔的目光看别人的错，就是看不见自己的毛病，这样的人又怎能进步呢？

被抛弃的人

曾有一个被女朋友抛弃的男子，对着好友数落了一大堆前女友的不是，连各种不堪入耳的难听话都骂出来了。

过了没多久，他们居然复合，而且很快结了婚。

后来再遇到好友，这位男子很不好意思地说，当时他讲的都是气话，希望对方能忘掉。

“只是我不懂，你当时为什么那样恨她？”好友不解地问。

“我不去恨，又怎能忘得了她呢？”

※ 大道理

“恨”是一剂毒药，非但不会医治好你的创伤，反而会将你人生的乐趣一点点地吞噬干净。

母子对话

“宝儿，你怎么现在就放学了？”

“妈，我刚才往家里打电话，怎么没人接？”

“我和你爸都在洗澡间里。又发生了什么事？”

“王老师今天又诬蔑我！”

“到底是怎么回事？”

“今天上历史课，王老师一进教室就问我圆明园是谁烧的。我摇摇头，说反正不是我烧的。他就生气了，将我赶出教室。”

“天哪！这王老师怎么总跟我儿子过不去啊？我家又没和他结仇。上回问我儿子是谁烧的鸦片，也就是白粉，一克白粉值那么多钱，谁舍得烧？后来查出是一个姓林的傻老头烧的，不然我儿子可要背大黑锅了！今天又怀疑我儿子把谁的什么园子也烧了。你想，这不是掉脑袋的事儿嘛。宝儿他爸，你这个百万富翁当得真够窝囊，连一个穷教书的也敢欺负你！”

※ 大道理

有时候，面对那些口袋满满、脑袋空空的人，心里真是有好多种说不出的滋味。在领会过他们诸如幽默中那样对子女“独特”的教育方式后，各种滋味就只剩下了一种：苦涩！

先放盐还是先放油

邻居新婚，家里装修得十分豪华，应有尽有。只是小两口乃现代派青年，以前从不沾厨房琐事，婚后一日三餐，牛奶、蛋糕、下馆子，生活过得十分洒脱和惬意。

一天，新娘休息，欲试试烹饪手艺。瓜菜想当然地洗切一番后，刷净钢锅，点火，打开油瓶盐缸。此时她才想到一个小问题，那就是她不清楚炒菜先放盐还是先放油。这可难倒了新娘。眼看锅已烧热，如何是好？

幸亏新娘聪明，柳眉一皱，想到了妈妈。

急忙拨通电话："张阿姨，我妈妈在吗？"

"她在开会。"

"快帮我叫她出来，我有急事！"

当妈妈的慌慌张张出来接过话筒："宝贝儿，怎么了？"

"妈妈，急死人了。我正要炒菜，锅都烧红了，不知是先放盐还是先放油？"

做妈妈的擦了擦额前冷汗，舒了口气："唉，先放油嘛。"

"好的，谢谢妈妈。"

新娘拿起油瓶就倒，油一接触已经烧红了的铁锅后烟火聚起。新娘大惊，连声尖叫，好在倒出的油不多，燃烧一阵也就灭了。

新娘芳魂稍定，寻思：妈妈肯定说错了，不能先放油，那会着火的。

她站在离锅远远的地方，将一勺盐扔到锅里。还好，仅仅"噼啪"响了几下，再把菜倒入，举铲翻炒。一会儿，倒入油，竟未起火。

"哦，这就对了。"新娘恍然大悟，不禁娇嗔道："妈妈真是，白做了几十年饭菜，连炒菜先放盐都不懂。"

※ 大道理

不经过磨炼的翅膀，飞不上万里高空。过分地依赖于别人，永远掌握不了生活的真谛。

当然不吵

"大夫，我和妻子都是脾气很暴躁的人。我们一天不吵架日子就过不下去。我应该怎么办？"

“我认为，根本原因是你们精力过剩。先生，我建议你一天至少要步行 10 公里。两星期之后打电话给我，告诉我事情有什么进展，好吗？”

半个月之后，那位先生又打电话给医生。他兴奋地通过话筒对医生喊道：“谢谢你，大夫，这一切简直太了不起了。”

“和夫人怎么样？还吵架吗？”

“当然不吵了，要知道我已经离家 150 公里远了。”

※ 大道理

在解决问题前，听取他人的意见是必要的。但对于别人说的话，要领会实质，而不能单从表面上去理解。那样，不但不能解决问题，反而会离要解决的问题越来越远。

报　复

小丁酷爱看侦探剧，从戏开幕的第一分钟起，他就在找寻凶手，不漏过一个可疑的词，不放过一处伏笔。这天小丁又去剧院，戏名叫《公园街谋杀案》。当包厢侍者引他到座位上时，大幕正好拉开。

“您对座位满意吗？先生。”

“当然，谢谢。”

“我把您的帽子送到衣帽间好吗？”

“不，谢谢。”小丁想他该走了，但是并没有。

“您要一份节目单吗？”

“不，谢谢。”

“那上面带剧照。”

“不，谢谢。”

“或者一个望远镜？”

小丁生气地拒绝了。侍者又问要不要巧克力饼，要不要一瓶香槟……剧情开始紧张了，小丁又气又急：“不，什么也不要，你忙你的去吧。”

侍者终于发现在小丁这儿赚不到一文小费，于是给了小丁一个可怕的报复——他伸手指着舞台，用充满神秘的声调在小丁耳边说：“告诉你吧，凶手就是那个园丁。”

※ 大道理

所谓的怨恨，有时只是因为自己付出的劳动没有得到回报。而报复，往往又都披着友善的外衣。

中国的蚊子

有三只蚊子在炫耀自己的飞行技术，争论了半天，吵得面红耳赤，还分不出个胜负。于是，它们决定各自“秀”一段。

英国蚊子首先表演，只见它飞向一只青蛙，在它附近转了几圈；回来时，只见青蛙的舌头打了一个活结。它骄傲地说：“告诉你们，在我老家，若没有这种本事，马上就会完蛋的！”

美国蚊子冷笑两声：“哼！雕虫小技，不足挂齿！”于是它飞向两只青蛙，在它们之间来回了几次；回来时，两只青蛙的舌头结成了一个死结，它得意地说：“在我老家，要有这样的本事才能生存！”

中国蚊子不屑地答道：“开玩笑！在我们老家，没见过这么差的技术呢！”

英国及美国蚊子很不服气地说：“这样讲？你以为你有多大能耐啊？”

于是，中国蚊子就飞向一群青蛙，在其中穿梭了数趟；回来时，只见青蛙们的舌头缠在一起，编成了一个“中国结。”

※ 大道理

轻而易举地做到别人无能为力的事，这就是能力。许多人狂妄自大，似乎觉得世界上只有他才是聪明人，却不懂这样一句俗语：山外有山，天外有天。

请夫人阅军

有个将军在沙场上战功彪炳，但私下却很怕老婆，他的部下很为他不平。

有一天，他的部下把军队全副武装起来，战鼓擂得震天响，由将军压阵，向将军府前进，打算借此壮壮将军的胆量，挫挫夫人的气焰。

夫人正在房中歇息，忽然丫环进来报告：“老爷今天带着军队回来了，不知道出了什么事。”

夫人听了走到房外，果然见丈夫骑着马迎面而来，立刻上前喝问：“你要做什么？”

将军慌忙滚鞍下马，拱着手，毕恭毕敬地说：“请夫人阅军，请夫人阅军。”

※ 大道理

有时机智圆滑地处理一些可能会引发矛盾的问题不失为聪明之举。退一步海阔天空，这句话适用于任何人或事。

大事与小事

妻子:“亲爱的，要让我们今后的生活甜甜蜜蜜，以后所有的大事都由你来决定，而所有的小事都听我的安排，怎么样？”

丈夫:“那么，具体讲哪些小事听你的安排呢？”

妻子:“我决定应该申请什么样的工作、应该住在什么样的房子里、应该买什么样的家具、应该到哪里度假诸如此类的事儿。”

丈夫:“那么哪些大事由我来决定呢？”

妻子:“你决定谁来当总统、我国是否应该增加对贫穷国家的援助、我们对原子弹应该采取什么样的态度，等等。”

※ 大道理

一位婚姻专家曾经说过：夫妻之间无大事，夫妻之间也无小事。家庭中任何事只要是建立在相互尊重、关爱对方的基础上，都会变得容易解决。

学会结婚

一男子提出想结婚，但不知道结婚有哪些仪式，该如何进行，于是他向父亲求教。

父亲说:“你去找礼仪司，他怎么说，你照着做就行了。”

于是男子找到了礼仪司。礼仪司问他:“兄弟，有什么事吗？”

“兄弟，有什么事吗？”男子学着问。

“喂，你怎么这样回答我的问题？”礼仪司说。

“喂，你怎么这样回答我的问题？”男子还是学他。

“你疯了吗？”礼仪司怒斥道。

“你疯了吗？”男子学他问道。

礼仪司还以为男子在愚弄他，怒不可遏地举起手狠狠地打了男子一巴掌。男子也愤怒地还了礼仪司一记耳光。

于是，二人扭打起来。

……

当男子垂头丧气地回到家时，父亲急忙问：“孩子，你学会结婚了吗？”

“如果结婚是你骂我、我骂你，你打我、我打你的话，我已经领教了，我不敢结婚了。”男子摇晃着脑袋说。

※ 大道理

知识不是机械地从别人那里获取的，而是需要自己用心去学习。只有用灵活的头脑去学习，才会学到真正的知识。

动手术的地方

在公共汽车上，一青年男子目不转睛地盯着一个穿迷你短裙的美女。等到车上乘客稀少时，他鼓起勇气上前搭讪说：“小姐，你的腿漂亮极了，我给你 1000 元，你再将裙子拉高 3 公分，好吗？”

“这很容易。不过，既然你要付钱，干脆给我 2000 元，我让你看到我动盲肠手术的地方。”

“好呀，太棒了！”男子兴奋得近乎手舞足蹈，痛快地将 2000 元交给美女。这时公共汽车刚好停在一家医院门前。美女手指窗外说："喏，你看，就是这里。这里就是我动盲肠手术的地方。"

※ 大道理

面对矛盾和危机，聪明的人首先会选用迂回策略避其锋芒，巧妙运用"四两拨千斤"的办法予以化解。

最后一个故事

有三个人一同到纽约度假。他们在一幢高层酒店的第 45 层订了一个套房。这天晚上，大楼电梯出现故障，而三人此时正在底层用餐，于是服务人员就安排他们在大厅过夜。他们商量了一番后，决定徒步爬楼梯回房间，并约定大家轮流说笑话、唱歌或讲故事，以减轻登楼的劳累。

笑话讲了，歌也唱了，好不容易爬到第 40 层，大家都已感觉精疲力竭。

"好吧，彼德，现在该轮你来讲个幽默故事了。"

彼德说："故事不长，却令人伤心至极：我把房间的钥匙忘在大厅了。"

※ 大道理

人生不如意之事十有八九，命运总在不经意地和我们开着大大小小的玩笑，关键看你怎样去面对。许多事既然已成事实，与其懊悔不如一笑置之。

把牛赶走

一天晚上，三个校长一起散步，交流工作经验。突然间，有一头牛挡住了去路。怎么办呢？

甲中的校长说："我来吧，我肯定能把它赶走！"他对牛大声说："你这个打靶仔，敢挡住我去路，我放烂仔打死你！"可是那头牛听完他的话无动于衷。

乙中的校长说："你不行的，我来吧，它一定走。"就听他对牛说："乖，如果你能让一下，我包你就读最好的大学。"那头牛仍然无动于衷。

丙中的校长说："你两个都不行的了，还是看我的吧。"只见他对那头牛小声说了几句，那头牛马上跑开，转眼就无影无踪了。

甲中和乙中的校长都羡慕不已，马上问丙中的校长刚才对牛说了什么。

丙中校长说："没什么，我只是告诉它说它可以不走，但要跟我回丙中去读书。"

※ 大道理

现在有好多孩子厌学，个中原因不尽相同，如压力过大、学习方法枯燥乏味等，这里不再列举细说。我们总说关心孩子的身心健康，但却往往只重视身体方面而忽略了心理，现在更多的时候，我们已经不再把孩子真正当成"孩子"来看待和要求了。

作　业

老师拿出作业本对张三说："张三，我要把你的作业拿给你的爸爸看，让他知道你的作业究竟有多糟，让他给你一个教训，让你知道什么是难为情。"

张三满不在乎地说："我才不会难为情，我爸看了以后自己才会难为情呢！"

老师很奇怪地问道："怎么回事？"

张三说道："那是我爸做的！"

又过了几周，老师发下作业本后对张三说："张三，这次你的作业全对了，是怎么回事？"

小张三很气愤地回答："我爸昨晚打麻将，整夜都没回来，我只好自己做了。"

※ 大道理

我们要关爱自己的孩子，但绝不能总是充当孩子的双手。

打错了的电话

一名男子在上班时打电话回家，接电话的是一位陌生女子。

男子问："你是谁？"

"我是这里的女佣。"女子回答。

"我们没有请女佣啊。"

“是今天早上这间屋子的女主人叫我来的。”

“哦，那我是她先生。她在家吗？”

“在家，可是……她和一个我以为是她先生的男人在楼上的房间里……”

男子听了非常生气。他对女佣说：“听着，你想不想赚10万元钱？”

“想！但我该怎么做？”

“我要你去把我书桌里的枪拿出来，然后把那两个奸夫淫妇给毙了！”

女佣把电话放下。男子听到脚步声，接着就是两声枪响。

女佣回来拿起电话：“我要怎么处理尸体呢？”

“把他们丢到后院的游泳池里去。”

“什么后院？这里没有后院也没有游泳池啊！”

“啊？……嗯……请问这个号码是××××吗？”

※ 大道理

怒气冲天常常会令人做出不理智的事情，过后追悔莫及。所以遇事要冷静，不轻易下结论，更不应该被愤怒冲昏了头。

给老公化妆

老公最近总惹小芳生气，于是她挖空心思想出了一条惩罚他的妙计：如果他再惹她不高兴，那么暑假回家后就给他化妆，把他打扮得妖里妖气，然后带他去闹市逛街！逛足两个小时，每多惹她生气一次再加两个小时。这招还真灵，老公最近正在考虑暑假还回家不回呢。

昨天，他怯怯地问小芳：“老婆，我可不可以主动要求惩罚再严厉些啊？”

小芳深受感动，心想老公这回是真的认识到自己有时是多么罪大恶极了啊！于是很开心地说：“你现在好乖啊，准备怎么惩罚自己呀？”

老公先是极其憨厚地嘿嘿了两声，然后大义凛然、视死如归地说：“我觉得光化妆上街还不够丢人，让我上街时再牵着你的手吧。

※ 大道理

夫妻之间发生矛盾，惩罚绝不是好办法。要用爱当智慧去化解矛盾，经营生活。

午夜惊魂

有一个妙龄女子深夜回家，走在路上惊觉有一男人在后面紧跟着她。她走一步，他也走一步；她跑，他也跑。由于回家的路比较偏僻，妙龄女子深感情况不妙。后来，经过一个墓园，此女子加快了脚步，往坟墓里走，那男的也跟了过去。这时，那女子在墓碑前躺下，深深吐了口气，说：“终于到家了！”那男的听了撒腿就跑。

过了些天，这位妙龄女子又独自回家，经过上次的机智脱险后，她对自己十分赞赏。说来真巧，这次还真又有个人跟在她后面。于是，这位女子故伎重演，又来到墓碑处躺下，深深吐了口气，说：“终于到家了！”那位仁兄亦在其旁边的墓碑处躺下，开心地叫道：“哈！原来你是我的邻居！”

这回轮到妙龄女子撒腿就跑了。

※ 大道理

小聪明往往容易得逞，但小聪明绝不是解决问题的最佳选择，用得多了就有愚蠢之嫌。

鬼　火

在一个漆黑的夜里，有个人赶夜路，途经一片坟地。

微风吹过，周围风声簌簌，直叫人汗毛倒竖，头皮发麻。就在这时，他忽然发现远处有一点红色的火光时隐时现。他首先想到的就是“鬼火”。于是，他战战兢兢地拣起一块石头，朝亮光扔去。只见那火光飘飘悠悠地飞到了另一个坟头的后面。他更害怕了，又拣起一块石头朝火光扔了过去，只见那亮光又向另一个坟头飘去。此时，他已经接近崩溃了。于是，又拣起了一块石头朝亮光扔去。

这时，只听坟头后面传来了声音：“妈的，这是谁呀？拉泡屎都不让人拉个痛快。一袋烟工夫竟砸了我三次。”

※ 大道理

恐惧由心而生。我们往往是在自己吓唬自己的同时，做出有悖常理的事情。

治疗失眠

有一对夫妇经营着牧场。由于过度操劳，丈夫患上了失眠症。

丈夫常常整夜睡不着觉。于是妻子告诉他，睡不着觉时就躺在床上默默地数羊，便会慢慢地睡着。

他依法试了，仍不奏效。妻子便出主意：

“你准是太心急了，必须专心一意地数，并且数到 1 万才会有效。今晚你再试试。”

第二天早晨，丈夫恨恨地说：“仍是一夜没睡着！我数完了 1 万只羊，剪了羊毛，梳刷妥当了，纺织成布，缝制成衣，运往美国，全都卖出去了，整笔买卖赚了 3 万元！”

※ 大道理

要学会变通，不要钻牛角尖。一条路跑到黑不一定会有好的出路，如果一个方法行不通，那我们就不妨换另一种方法，用另一种思维去思考，这就是为什么聪明人总能找到解决问题的办法的原因。世上只有想不到的办法，没有解决不了的问题。

大学法律课

法律老师有个癖好，喜欢提问，提问之前必高声重复一遍问题。有一次正在上《民法通则》，突然老师又提高声音开始提问，所有同学都恐惧地盯着老师，惟恐张三被喊到。

“1 班 25 号！”老师喊道。

一片沉默（张三正在发呆）……

“25 号张三！来了没有？”老师重复道。

刷！整个教室的人都看着张三。

“没来！”张三大叫。

全班人都愣了！不过很快又开始佩服张三的勇气和聪明。

“因为什么没来？”老师又问。

“他病了！”张三无奈只得撒谎，全班一阵哄堂大笑。

“你是他宿舍的吗？”对于莫名其妙的大笑，老师也被搞糊涂了。

“是的！”面对老师的盘问，张三脸都绿了。

“太不像话了。回去告诉他，让他下午到办公室来找我！”全班同学又是一场大笑。

“好。”张三头皮都开始发麻了，心想下午找谁替我去挨骂呢？就李四吧，唉，又得请那小子吃一顿了。

张三正在为逃过一个问题而庆幸，老师又补充道：“那这个问题你替他回答吧？”

“啊？”张三极不情愿地站起来，郁闷之情可想而知。

“老师，能不能重复一下您问的问题？”

“这个问题我已经重复了三遍了，你怎么上课的？”

“不好意思，我没听清！”张三额头上已经有汗珠了。

“那好我再重复一遍……”

“我，报告老师，这个问题我不会回答。”张三想反正是一死，何必死得那么窝囊呢，于是理直气壮起来。

“那好，下午两点钟你和张三一起到我办公室来！”

※ 大道理

是福不是祸，是祸躲不过。该自己面对的时候，要勇于承担所面临的问题！逃避无法解决问题，只会使问题越来越复杂。

寄包裹

王排长按照女友“指示”选购了好几样礼物。星期天，他打算给女朋友寄去，于是精心做了一个木盒子，还伏案写了一封深情的信。

吃完早饭，他匆匆来到邮电局。可是按规定，所寄的包裹中不能夹带信件，但他觉得把信和物品放在一起，意义不一样。邮局的工作人员检查过木盒子后，便吩咐他如何把木盒子钉好，自己则专心致志填写包裹单了。

王排长的心一直很紧张，越是紧张，手就越不听使唤。他的眼睛死死盯着工作人员，生怕她发现秘密。他趁其埋头书写时，迅速从裤袋掏出那情书放在盒子里，直到把盒子钉好，没露蛛丝马迹，他才松了一口气。

一切都办妥了，他心情格外舒畅，哼着歌儿，连蹦带跳跑回部队。晚上，王排长洗澡换衣服，掏裤袋时，他纳闷儿了，信怎么没有寄走呢？细细一想，他直拍大腿：“该死，把上厕所的手纸塞到里面寄走了。”

※ 大道理

情急之下最容易办错事，这在日常生活中并不少见，也闹出过不少的笑话。粗枝大叶的人，往往会把一件好事弄成一件坏事。

钓　鱼

一个酒鬼喝醉后，突发奇想要去冰上钓鱼。他带上工具出发了。很快他便找到一片很大的冰，于是坐了下来，开始凿洞。

突然他听到有个声音传来："你在下面不会找到鱼的。"

酒鬼四下里看了看，没有人嘛，他又开始凿冰洞。

那个声音又再次响起来："我已经告诉你了，那下面没有鱼。"

酒鬼上上下下张望，还是看不到人，他又埋头苦干。

第三次声音响起来："我已经警告过你三次了！那里没有鱼！"

酒鬼火了："你怎么知道没有鱼？你以为你是上帝吗？跑来警告我？"

"不！"那个声音回答，"我是这家溜冰场的经理。"

※ 大道理

醉酒后神智不清难免会干蠢事，惹来嘲笑。有些人即使没醉酒也总是可以找出歪理，为自己辩解。世上最可怜的莫过于愚蠢而不自知的人，别忘了，我们的一切行为都在别人的监督中。

往头上爬

有一个县太爷的老婆姓伍。一天，她设宴招待县里官吏的眷属。席间，她问县丞老婆："尊姓？"

县丞老婆答道："姓刘。"

县官老婆一听，心里很不高兴。她想，我男人比你男人官儿大，你的姓怎能比我的大呢？她勉强压住火气，又扭头问主簿老婆的姓氏。

主簿老婆答道："姓戚。"

这一下县官老婆的火可压不住了，一拍桌子，拂袖而去。

她跑到自己男人那儿告状说："我姓伍，她们偏说姓六、姓七。再问下去，说不定还有姓八、姓九的呢。这不是有意要往我头上爬吗？"

※ 大道理

别把他人当作是自己的对手。往往很多时候，我们都在很牵强地为自己树立着敌人，结果把自己弄得很累。把一切看得单纯些，不要和自己过不去。

接受任务

海军陆战队队员吉姆被叫到总部接受任务。

“下一步，总部决定对20年以来的文件进行一次彻底的清理，所以将会需要多名打字员，希望你能够胜任这项光荣的工作，不过首先我要考一考你。来，把这篇文章打一遍。”长官说完递给吉姆一页文稿。

吉姆接过文稿坐到打字机前，心里琢磨着：自己要是考试合格，接下来的日子可就完了，每天在办公室里做这不是大老爷们做的活儿，真是比挨敌人枪子儿还难受。

于是，吉姆便慢慢腾腾地在那儿敲，短短的一篇文稿足足敲了一个多钟头，而且还故意敲错很多地方。敲完后吉姆把稿子交给长官。

长官扫了一眼稿子后高兴地说道：“很好，你被录用了，明天早上8点来总部正式报到。”

“可……可是……可是你还没有仔细看过我打的这份稿子呢。”吉姆着急地提醒道。

“不必了，坦白地说吧，当你走到打字机前坐下的时候，你就已经通过考试了，因为你至少还分得清什么是打字机。”

※ 大道理

很多事情在很多时候并不会按照我们主观的愿望发展。始终保持一颗平常心、随遇而安，才是智者的选择。

飙　车

有一个人，去郊外办事，为了看风景，他选择了骑车。

于是便向朋友借了一辆二八车。他骑着骑着有些累了，心想干脆搭一辆车走吧！这时开过一辆保时捷，他把这车给拦了下来。

他对司机说："拉我一程好吗？"司机点了点头。他接着又说："那我的车怎么办？是向朋友借的，还要还呢。"

司机说："这么着吧，我车上有绳子，我拉上你。"

"那怎么行，你的保时捷不把我拉飞了？"

"没事的，我只开 30 迈，如果快了你就摇铃。"

"好吧！"

开始还真的一直开 30 迈。后来一辆宝马车"嗖"的一下超过了保时捷。

保时捷司机说："他妈的！破宝马也敢超我！"说完他就踩足油门开足马力去追宝马。

过一个十字路口时，一个警察醒过神后向上级汇报说："我站了一辈子岗，从来没见过一辆保时捷和一辆宝马飙车，后边还有一辆二八自行车摇着铃要超车。"

※ 大道理

一时心血来潮的争强斗勇，人皆有之，而很少有人能看破“无争即是胜”的道理。

好 奇

有个乡下人到城里，发现到处都立有一种大柜子，只要往柜子上的一个孔里塞入 25 分的硬币，机器下面的洞里就会掉出很多的东西——有时是一罐可乐，有时是一包香烟。

乡下人觉得这东西很神奇，于是每次见到都忍不住要塞上个硬币试试，结果他很高兴。由于他喝了太多的可乐，需要找个厕所，令他惊讶的是，连厕所的门也是可以塞上个硬币就自动打开的。完事后无意中他发现厕所边上还有一个很不起眼的机器，上面也有个看来是塞硬币的孔，却没有像别的机器能掉出东西的那种洞。机器前方半人高的地方只有一个手状的东西。

乡下人不禁浮想联翩，很想试试，可搞不明白这机器怎么用。正发愁时，有个男人急匆匆地捂着裤子拉链向机器走来。乡下人灵机一动，决定走开一点偷看这人是怎么做的。

只见那人站到机器前，使劲把腹部贴近机器，好像仔细地在把什么东西放进了那个形状奇怪的东西旁，然后塞了个硬币。很快，那人系好裤子，满意地走开了。

乡下人不加思索，马上冲上去如法炮制。放入硬币，机器停了两秒钟。然后就听“砰”的一声，乡下人跳了起来，低头一看，终于发现投币孔下面的一行小字：本钉扣机使用 7 号黑色纽扣……

※ 大道理

新奇的事物总能勾起人们的兴趣，让人跃跃欲试。人们总是被神秘事物所吸引，有一种想去了解的渴望。一般人却只看到皮毛，看不见精髓。

请妻子圆梦

一个新婚丈夫知道妻子非常相信梦，想戏弄她一下，便对她说："昨晚我做了一个梦，梦见自已在村头的河里洗澡。不知那是什么预兆？"

"哦，洗澡可是个好梦，意味着你将成为一个大官。"妻子高兴地说。

"有可能，我洗澡的地方不是正好在村头，而是在离村头稍微远一点的河上游。"

"如果是那样，预示着你将当百户长。"妻子高兴地说。

"有可能，不过我说的还不很正确，因我洗澡的地方还得往上游一点。"丈夫说。

"哦，你还有可能当上县官。"妻子兴高采烈地说。

"还得往上点。"。

"哦，那是当宰相的征兆。"妻子惊喜地说。

"如果是再往上一点呢？"

"哦，你就可能当国王了！"妻子跳了起来。

"太好了，到时我就可以娶 40 个妻子了对吗？"丈夫问。

"该死的，胡说些什么呢？"妻子不高兴地说。

※ 大道理

幸福是一个很怪的东西，经常隐藏在夫妻间相互依赖同舟共济的艰辛当中，起伏于风雨中的跋涉。而彩虹当空时，如果把握不好，幸福便会悄然隐退。

傻子学父

很久以前，有个傻子的邻居死了一条牛。牛是庄稼户的宝，所以邻居很伤心，失声痛哭。傻子的父亲就劝他说："牛死了又不能复活，哭有什么用？倒不如把牛皮剥下来，做鼓皮；把牛肉卖了，这样就有钱再买牛了。旧牛换成新牛，不是很好吗？"

邻居听了，觉得有道理，就依照傻子父亲的话去做，并送他一块牛肉表示谢意。傻子看了这件事，很佩服父亲，决心要学父亲的样子。

一天，傻子外出，看到有个人死了父亲，伤心得嚎啕大哭。

傻子就走过去劝他："人死不能复活，哭有什么用？倒不如把人皮剥下来，做鼓皮；把人肉卖了，这样就有钱再买个父亲了。旧父换新父，不是很好吗？"

傻子说完话后，还自以为得意，准备得到奖赏，没想到那人立即赏给他一顿拳头。

※ 大道理

照猫画虎、生搬硬套别人的经验是可笑的。别人的经验，并不能成为你成功的信条。不掌握时刻发生变化的周围环境，还是一味依赖于别人的经验，不灵活对待，势必会走进死胡同。要知道，在某些时候，经验往往是陷阱。

不能久等

妈妈走进房间，叫两个女儿帮她准备午餐。这时候，姐姐娜塔莎正在看一本有关非洲的书，妹妹奥莉姬正在玩耍。奥莉姬听见妈妈呼唤，就走进了厨房。过了几分钟，她回到房间里，叫娜塔莎去帮忙。

娜塔莎回答说：“我不在家！现在我身处非洲。这里棕榈树盛开着花朵，美丽的鹦鹉自由自在地飞翔。”

奥莉姬听了这话，转身走回厨房。过了一会儿，她又回到房间里来玩耍。

娜塔莎见妹妹嘴里嚼着东西，连忙问道：“你在吃什么？”

“我在吃冰淇淋，这已是第二块了。刚才我吃的是我自己的一块，现在吃的是你那一块。”

娜塔莎一听，生气地说：“为什么要吃我的冰淇淋？”

奥莉姬说：“妈妈说，不知你什么时候才能从非洲回来，时间长了，冰淇淋是会融化的。”

※ 大道理

有很多时候，错过机会，只是因为我们全神贯注于一种事物，而忽视了其他。面对机遇，要学会分析，及时抓住，进而为己所用。

戒　烟

同事张某，做事一丝不苟。但他烟瘾颇重，每天要抽两包香烟。一天，他下决心开始戒烟。他认为做事要循序渐进，戒烟先从减少每天吸食香烟的数量开始。

他决定从星期一起每天限量一包，为了避免超量，他打开一包香烟用铅笔细心地在每根香烟上标上时间——这一根是早上 8 点吸的，写上 8：00；下一根应该在 8 点半吸，写上 8：30，等等。

看来效果不错，到上午 9 点 30 分的时候他只抽了 4 根烟。快 10 点钟了，他开始抓耳挠腮，几次想去摸香烟都强忍住了。

10 点整他痛痛快快地抽了一根烟，10 点 10 分又开始坐立不安。10 点 15 分他终于下了决心，走过来向我说："小李，给我一根香烟抽。"

"你自己不是有香烟吗？"小李不解地问。

"我的香烟还没有到点。"他理直气壮地说。

※ 大道理

形式和内容是相辅相成的。形式给内容美容，但不能代替内容。所以，任何事情都要注重内容，不要在形式上下工夫。追求形式的人，到最后会发现那是自欺欺人。

南瓜和骏马

皇宫里着了大火，乱作一团，连伙食供应都出现困难。这时，有个好心的乡下人进城卖南瓜，便挑了个特大的送了进去。可巧，这个瓜被皇帝看见了，很高兴。为了报答乡下人，皇帝赏了一匹壮马给他。

不久，这件事被财主知道了。他想："这穷人一个瓜便得了匹马，我要是送一匹马进去，那还说不定得到多大的赏赐呢！"

于是，他从马房里挑了匹最壮的马，连夜送给了皇帝。皇帝想了想，把马收下，然后微笑着对随从说：“为了报答这位好心的财主，就把那位庄稼人送我的南瓜赠给他吧！”

※ 大道理

雪中送炭式的友谊最值得珍惜。我们与人为友，应当选择那些在危险时能够站在我们旁边的人。

瞎争成癖

有个营丘人，虽学识浅陋，却总喜欢跟人家瞎争。

一天，他问艾子：“大车下面和骆驼的颈项上，大都挂着铃，这是为什么？”

艾子说：“大车和骆驼都是很大的东西，它们在夜里走，如不挂铃，狭路相逢就来不及避让，铃声可提醒对方早作准备。”

营丘人又问：“塔上面挂铃，难道也是为了叫人准备让路吗？”

艾子笑他无知，回答说：“鸟雀喜在高处做巢，鸟粪很脏，塔上挂铃。风一吹铃响起来，鸟雀就给吓散了。”

营丘人还问：“鹰和鹞的尾巴上也挂着铃。哪有鸟雀到鹰和鹞的尾巴上去做巢的？”

艾子大笑，说：“你这个人呀，不通事理太奇怪了！鹰鹞出去捉鸟雀，它羽上缚着的绳子，会在树枝上缠住。假使它一扑翅膀，铃就会‘叮铃当啷’响起来，人们就可以循声而找到它。你怎能说是为了防鸟雀来做巢呢？”

营丘仍旧问道：“我曾见过送丧的挽郎，手上摇着铃，嘴里唱着歌，难道也是为了怕给绊在树枝上吗？”

艾子有点气恼了，说："那挽郎是给死人开路的，就为了这个死人生前专门喜欢跟人家瞎争，所以摇摇铃让他乐一下啊！"

※ 大道理

打破砂锅问到底，精神可佳，但要分什么事情，有没有意义。无聊的事只能让人摇头，无可奈何。生活工作够紧张的了，何苦把时间浪费在一些无聊的事情上呢？

愚蠢的酋长

某酋长有听故事的嗜好。

一天，他大宴宾客。在他的再三请求下，一位外地客人讲了一个有趣的故事。

这位客人在城里遇见过一个自命不凡的人。客人对他说："请你猜猜我口袋里到底放了些什么。要是你猜到了，我就把这些鸡蛋的一半送给你；要是你能猜出鸡蛋的个数，我就把这 10 个鸡蛋全给你。"

那人想了半天说："朋友，我虽说不笨，但不可能事事皆知。我猜不出。"

客人说："再猜猜，这东西外面白，里面黄。"

"猜到了！"那人大声说，"那一定是一堆白萝卜，中间藏了一个土豆。"

听到这里，客人们都笑了，那个酋长更是大笑不止。最后他问道："朋友，现在请你告诉我们，你在口袋里到底放了些什么？"

※ 大道理

人要会掩饰。但掩饰自己的缺点不要像《皇帝的新装》中的那些大臣一样，弄巧成拙，将自己的无知和可笑暴露无遗。

汤姆和玛丽

猎鹿季节的一个星期天，企盼已久的汤姆准备去试试运气。在收拾完打猎行装后，汤姆来到前厅，竟然发现妻子玛丽已经在那儿等着他了。

“汤姆，去年你就没有带我去！”全身猎装打扮的玛丽埋怨道。

“但是，你从来没打过猎呀！”

“要知道，我虽然没出去打过猎，我对猎鹿一直充满了好奇，带我去吧！”玛丽撒娇地拉扯着汤姆。

“好吧，但是一定得听我的。”汤姆勉强答应。

夫妻二人来到猎鹿区，考虑到玛丽从没打过猎，可能会给自己添不少麻烦，于是汤姆说：“咱们分个工吧，亲爱的，你拿这支猎枪，爬上那棵大树，然后我到前边去把鹿都赶过来。鹿一进入射程，你就开枪，听到枪声，我就立刻赶回来，好吗？”汤姆心想，只要你在这儿老老实实待着就谢天谢地了。

“好！”玛丽没有识破汤姆的花招。

摆脱了玛丽的干扰，汤姆一个人便高高兴兴地走了。“玛丽这种水平，我看就是一头大象从她鼻子面前走过，也肯定打不中。”汤姆边走边想。可过了没一会儿，他却听见一阵激烈的猎枪射击声。

难道她打中了？汤姆不敢相信自己的耳朵，于是三步并作两步地往回赶。等能望见玛丽所在的大树时，汤姆又听到一阵激烈的猎枪连续射击声，这时也能听见玛丽的叫嚷声了。

“滚开，别碰我的鹿！”玛丽生气地喊道。听见有人在抢鹿，汤姆赶紧加快速度往回跑。

“混蛋，叫你别碰就别碰！”玛丽的嚷嚷声后接着又是一阵猎枪射击声。

气喘吁吁的汤姆终于能看到树下的情景了：一个无可奈何的牛仔，可怜巴巴地把双手举在空中，非常懊丧地说道：“别开枪！好，好，我不碰你的鹿，但既然鹿都已经死了，让我把鞍拿走，总可以吧？”

※ 大道理

冒险有时候是一种很让人钦佩的精神，但对于自己不熟悉的事情，一定要了解清楚再着手去做，可不能贸然行事啊！

口　渴

爸爸把儿子哄上床后，回到自己的卧室准备睡觉。

“爸爸！”儿子叫道。

“什么事儿？”

“我口渴，给我拿杯水好吗？”

“你刚才不是喝过了嘛！快睡觉，我已经关灯了！”

5 分钟后。

“爸爸！我口渴，你就不能给我拿杯水吗？”

“我刚才不是说过了嘛！你再叫小心我揍你！”

又过了 5 分钟。

“爸爸！”

"又怎么啦？"

"你过来揍我的时候一定要带杯水！"

※ 大道理

问题不解决，你总不会安生。即使你不耐烦，问题依然存在，而且还会越来越麻烦。唯一的办法就是从根上解决，不回避，不怕麻烦。

为富不仁

慈善机构的一名工作人员前来拜访一个非常富有的人。

募捐者："我们的记录表明，尽管你家财亿万，但是一分钱都没捐过。"

富人："你们有没有记录我早年丧父、母亲生活艰难？你们有没有记录我弟弟身有残疾、无法工作？你们有没有记录我姐姐孤儿寡母、入不敷出？"

募捐者："对不起，对于您说的这些我们全没有记录过。对您的不幸我深表同情。"

富人："就是，连他们我都不会给一分，我为什么要给你呢？"

※ 大道理

或许你会想起巴尔扎克笔下的欧也妮·葛朗台。对于此种吝啬之人，我们除了一声轻蔑的叹息以外，也还真的就没有什么可给予他的了。有钱而不会给自己和他人带来方便和快乐，等同于一只牛，虽身负黄金，自己却仍觅草而食。

三只乌龟

某日，龟爸、龟妈、龟儿子一家三口决定去郊游。它们带了一张大饼和两罐海底油，出发到阳明山去。

苦爬 10 年，终于到了。它们席地而坐，卸下装备，准备进食。

“该死，没带开罐器！”龟爸说，“乖儿子，快回去拿。”

龟妈说：“乖儿子，快！爸妈等你回来一起开饭，快去快回。”

龟儿子说：“一定要等我回来，不可食言喔！”

龟儿子踏上归途……

光阴似箭，20 年一眨眼就过去了，龟儿子尚未出现。

龟妈受不了了：“老伴，要先开饭不？我特别饿。”

龟爸说：“不行！我们已经答应儿子了，承诺岂可儿戏？再等他 5 年，再不来就不管他了！”龟爸说。

转眼又 5 年，还是未见龟儿子踪迹。不管了，二老决定开饭！拿出大饼，龟爸对龟妈说：“老伴，你先吃吧。”

龟妈很过意不去地自言自语：“儿子，对不起！妈妈实在是饿得受不了……”

张开嘴正要咬向大饼，说时迟那时快——

龟儿子从树后跳出来：“好啊！我就知道你们会偷吃！骗我回去拿什么开罐器。我等了 25 年，终于被我等到了吧？我最恨人家骗我！”

※ 大道理

以小人之心度君子之腹，经常会使人活得神经兮兮。坦诚相待，可以减少许多不必要的“累”。

哲学系的考试

某次哲学系的期中考试，教授说:“题目没有限定范围。”

学生们战战兢兢地去准备。结果到了考试当天，教授竟发下一张白纸说，这次的考试是自问自答。学生们当场愣住，只好硬着头皮写了。命题太简单一定不会得高分，命题太难又不会写。

转眼到了期末考。教授又说:“这次的题目，和期中考试一样没有限定范围。”

学生们学乖了，就锁定一个题目，希望期末考能得高分。

到了考试当天，教授果然又给每位学生发下一张白纸。正当大家高兴地写下各自的题目，却听到教授说：同学们，请你们把写好的题目互相交换，这就是你们的期末考试题。

※ 大道理

人们常说“不打无准备之仗”，但准备并不能决定一切，因为，好多事情是在你的准备之外，生活本身是没法准备的。

买橄榄球

富有的格特太太一直住在乡下，她听说孙子上了大学，还参加了学校的橄榄球队，非常高兴。她知道打橄榄球是项运动，虽然她没看过橄榄球比赛，然而运动员强健的体魄她是能想像得到的。

格特太太为孙子进了城。她到了孙子的学校，正赶上孙子参加球赛，于是就坐在看台上等着看比赛。可是比赛一开始，她就难过地哭了："原来是这样，和许多人拼命地抢一个球，你只要跟我说一声，要多少我会给你买多少啊！"

※ 大道理

这是一个竞争的年代，校园里要竞争，职场上也要竞争。竞争中当然要全力去拼抢，没有什么大惊小怪的。不拼不抢，你永远得不到机会，永远锻炼不了自己的能力，最后甚至会被淘汰出局。

黑　点

老师走进教室，先在白板上用笔点了一个黑点。

接着他问全班的学生："你们看到了什么？"

大家异口同声说："一个黑点。"

老师故作惊讶地说："我的天！只有一个黑点吗？这么大的一块白板难道大家就没有看到？"

※ 大道理

每个人身上都有一些缺点，同时也具备一些优点，而你的眼光和判断，将决定对方在你心目中的价值和地位。

我的话说完了

某公司领导坐专机飞过太平洋时，遭遇风暴，飞机地板被掀去，领导人与随从保镖反应敏捷，牢牢抓住能抓到的东西，统统吊在高空飞行的飞机上。大家咬牙切齿，使出吃奶的劲，紧握不放，就像烤鸭架上的鸭子一样晃来晃去。但大家都还有一种劫后余生的暗喜。

突然，一道雷电击中飞机，飞机成了滑翔机，慢慢向下滑落。

有经验的飞行员说，飞机载重过大，如果载重轻100公斤的话，应该可以有拉起的希望。

大家面面相觑，但最后都无声地注视着肥胖而又年迈的领导。

领导明白了大家的意思，想了想，说："好吧，不过我还有几句话要说。"

大家脸上露出了幸福的微笑，洗耳恭听，思索着怎么回去传达这些话。

领导清了清嗓子，顿了一下，说："我的话说完了。"

大家照例啪啪地鼓起了掌。

于是领导安全地返航了。

※ 大道理

习惯的力量有时大得惊人，约束好这些习惯很重要。不分场合任由习惯支配，就容易犯错误。虽然不可能严重到像故事中的那几位随从和保镖摔下飞机的程度，但过后至少会令你追悔莫及。

鼓励他人

有一个空战英雄，在一场战役中失去了一只腿。退役后，他一直以照顾伤残的退伍军人为已任，不断地关怀他们，为他们打气。

有一次他到医院访问，看到一群受伤的士兵无精打采地坐在那儿，为了振奋他们的精神和斗志，他大声地说："不要为自己的伤残而难过，有时候伤残还是一种恩典呢！"

见大家一脸不解的神色，他接着说："就以我来说吧，这假肢受到任何程度的撞击，都毫无痛楚，想想看四肢健全的人能做到这一点吗？"说完他便将手杖交给一名士兵，让他随意击打自己的假肢。那士兵也不含糊，抡起手杖便朝着他的腿部打了下去。

"你们瞧，我一点事都没有！"他就在满场掌声中离去。

不过一走到外面，他脸上的笑容便立刻消失了，并不停地用手搓揉着他的腿，脸上的表情痛苦万分。他的朋友忙问他这是怎么回事。

"刚才那位士兵打错腿了。"他苦笑着指着自己的那条好腿说。

※ 大道理

鼓励可以带给人希望和力量，不要轻看你所散播出去的祝福，它将会带去许多神奇的转变。

尊重夫人

有一位学究，正在朋友家拜访，天突然下起大雨。

友人便说："我们谈得很投机，天又下雨，干脆你就在我这里过夜算了。"

"好的好的，多谢挽留。"他答应着，但一转眼却又不见了。

友人以为他去了厕所，也没在意。

一个小时之后，他冒雨从外面进来，淋成了落汤鸡。

友人忙问他是怎么回事。他说："我特地回家通知夫人，因今夜雨大，我不回家了。"

※ 大道理

环境时刻在变化，处理问题的方法也该灵活多样。像学究这般机械教条地回家请假，和“郑人买履”一样可笑。

机场柜台人员

某日在丹佛机场，一架联合航空班机因故停机，机场柜台人员必须协助大批该班机的旅客转搭其他飞机，柜台前排满了办手续的人。

这时候有一个老兄从排队的人群里一路挤到柜台前，将机票甩在柜台上并说：“我一定要上这飞机而且是头等舱！”

工作人员很客气地回答说：“先生，我很乐意替你服务，但我要先替这些排在前面的人服务。”

此时，这位仁兄很不耐烦地说：“你知道我是谁吗？”

只见这位柜台工作人员从容地拿起麦克风广播道：“各位旅客请注意，23 号柜台前有一位先生不知道自己是谁，如果有哪位旅客能帮他辨识身份的话，烦请到联合航空 23 号柜台，谢谢！”

此时排在后面的旅客都忍不住笑了出来。

只见这位仁兄把脸一拉，瞪着那位小姐并说：“××××”（骂人的粗话）

只见那位柜台工作人员露出和气的微笑回答说：“那您也得先排队才行！”

※ 大道理

不亢不卑是一种威力强大的武器，在它面前，任何权势和傲慢都会低头。

女士违章

交警在十字路口拦住了一位女士的“伏尔加”，敬礼后，请她出示驾驶证。

“这是为什么？”女士惊问道。

“您违反了交通规则。”

“谁告诉您的？”

“我亲眼看到的！请快出示证件，我等着呢。”

“您是不是认为我没有驾照？”

“我没这样认为。”

“可是，我怎么可以把证件交给一个完全不认识的人呢？”

“我是交通警察，我有权这样做。”

“可我怎样知道您是交警呢？”

“难道您没看见我穿的制服？”

“制服能说明什么？制服是可以假造的！我记得 10 年前，我的朋友詹娜认识了一位军人……”

“请不要给我讲故事，我在等您的证件。”

“这不是故事，是往事。我只是想说明，制服并不总是可信的。”

“那好吧，我可以让您看一下我的工作证。”

“这个嘛，也好！让我看看……嗯，这么说，您叫尼古拉·彼得罗维奇·戈吉什金？”

“戈日什金。”

“什么？您瞧这字母 X 写得像个 T。算了，就当你是戈日什金吧，可是照片却不像你呀？”

“不知道，可能是没戴帽子吧。”

“真的吗？你摘下帽子让我看看。还有，站直些，别皱眉头。是的，有点像了，照片很久了吧？”

“7 年前的……”

“这能看出来，你那时看上去很帅。”

“好了吧，请把证件还给我。”

“你急啥？只要证件不是伪造的，就不会有什么事发生。”

“可我没空呀，我正在值班。”

“你是否认为，我的空闲时间很多？我马上要去市场，顺路还得去找女裁缝，还要去看望生病的姑姑，还得给丈夫打电话……”

“我求您了，快把证件还给我！您看看，您让后面堵了多少车了。”

“这怎么能怨我？要知道并不是我拦住了您，而是您拦住了我。”

“好吧，好吧，算我错了。只是恳求您快把证件还给我，把车开走。”

“就是嘛！给您证件，以后可别再制造交通堵塞了。”

※ 大道理

与人理论时要有自己的主张和坚持，切忌被人误导，陷入胡搅蛮缠的怪圈。

明　白

在一次政府会议上，赫鲁晓夫声色俱厉地指责斯大林的错误。

突然，听众席上有人打断了他的讲话。

“你原来也是斯大林的同事，”诘问者大声喊道，“为什么你当时不阻止他呢？”

“谁在这样问？”赫鲁晓夫怒吼道。

会议厅内一片极度不安的寂静，没有人敢发出一点声音。

最后，赫鲁晓夫轻声说：“现在你该明白为什么了吧？”

※ 大道理

权力有时能让魔鬼变成天使，也可以让天使变成魔鬼。

传　令

营长对值班军官发出指令：“明晚大约 8 点钟左右，哈雷彗星将可能在这个地区上空划过，这种彗星每隔 76 年才能看见一次。命令所有士兵届时着野战服在操场上集合，我将向他们解释这一罕见的现象。如果下雨的话，就在礼堂集合，我为他们放一部有关彗星的影片。”

值班军官打电话给连长：“根据营长的命令，明晚 8 点哈雷彗星将在操场上空出现。如果下雨的话，就让士兵穿着野战服列队前往礼堂，这一罕见的现象将在那里出现。”

连长对排长说：“根据营长的命令，明晚 8 点，非凡的哈雷彗星将身穿野战服在礼堂中出现。如果操场上下雨，营长将下达另一个命令，这种命令每隔 76 年才会出现一次。”

排长对班长说：“明晚 8 点，营长将带着哈雷彗星在礼堂中出现，这是每隔 76 年才有的事。如果下雨的话，营长将命令彗星穿上野战服到操场上去。”

最后班长对士兵是这样传达的命令：“在明晚 8 点下雨的时候，著名的 76 岁的哈雷将军将在营长陪同下，身着野战服，经过操场前往礼堂。”

※ 大道理

“耳听为虚，眼见为实。”一条消息经过的人越多，消息的可信度跟着打折扣的可能性就越大。道听途说不可信，还是得多思考，千万不要被流言蜚语所左右。

没有那么聪明的毛驴

一个聪明人在乡下散步，看到磨房里面一头毛驴在拉磨，脖子上头挂着一串铃铛。于是聪明人问磨房主道：“你为何要在毛驴的脖子上挂一串铃铛呢？”

磨房主回答：“我打瞌睡的时候，毛驴常常会偷懒；挂上铃铛以后，如果铃铛不响了，我就知道这个畜生又在偷懒了。”

聪明人想了一下，又问：“如果毛驴停在原地不动，只是摇头，你又能听到铃声，它又没有干活，那怎么办呢？”

磨房主愣了一下，说：“先生，我哪能买到像您这样聪明的毛驴啊！”

※ 大道理

好多简单的事情都被我们人为地复杂化了，结果弄得大家都很累。简单，会带给我们的生活更多轻松的感觉。

勇敢的消防队

油井起火，公司经理叫来了消防队，可是由于火势太大，消防队员无法靠近，只能在 2000 米以外活动。

公司管理员请的一支业余消防队这时也赶来了，消防车勇敢地一直开到离大火只有 50 米的地方才停下，消防队员迅速抓起水枪，动手救火，很快就把火扑灭了。

第二天公司经理给这支业余消防队发了 2000 元奖金。

有人问那队长，2000 元如何安排？

队长不假思索地回答说："首先要办的是把消防车的刹车修好。真他妈的见鬼，昨天那辆破车差点把我们送进大火里去！"

※ 大道理

歪打正着，坏事变好事。很多时候有很多事情不是你能左右的，好和坏都蕴含在其中。

误　会

等车是件很浪费时间的事，好在候车室里人不是很多，也不怎么嘈杂。小方找了一个靠角落的座位坐下来，拿出刚买的《小说月报》，开始品读其中小方喜欢的一位作家的新作。

正读得入迷时，面前有一男人和小方说话，他是在向小方询问旁边的座位是否有人。小方抬头看了他一眼，见是一位西装革履文质彬彬的男人，长得很秀气。“没有人，你坐吧。”小方简单地回了他一句，然后低头继续读小说。

“你好吗？”身边的那个男人坐稳后开始说话了。

“很好，谢谢。”出于礼貌，小方不好一句话也不说，应付一下也是应该的。

“我还要等一个多小时才能上车，你呢？”那人不紧不慢地说。

小方读书时特别讨厌别人打扰，更何况是在读他喜欢的小说，中断以后原来紧凑的节奏就变味了。他想：这人也真是，自来熟，搭讪也不看看火候，我和你认识吗？就没看到我正忙着吗？

“我还得等半个多小时。”小方依旧是头不抬眼没睁地回答了他一句，声音里多少含带着些不满。

“你乘坐的是哪趟车？”那人说起话来还是那么慢声细语。

“516。”小方真是有些不耐烦了，他想这人怎么这样啊！难道他就听不出我不愿意和他多说话吗？谁知他接着又说道：

“这一分开我们就是天南海北了，下次见面不知道要等到何年何月呢！”

这不是有病嘛，难道我稀罕再和你见面不成？

“嗯，我会想你的，我对你的印象非常好。”

听完这话小方心里着实地吃了一惊，心想莫非我遇到了一个变态？小方忍不住抬脸白了他一眼，发现他略微低着头，一副很羞涩的样子，可能正为他刚才说过的话不好意思吧。遇到这种人也是没办法，不搭理他就是。

“下次再来北京你找我好吗？提前给我打个电话，我到车站接你……”

真是越说越不像话，小方终于有些忍不住了，冲他恶声说：

“我认识你吗？你是谁呀？”

那人也不看小方，就好像他从来没有做过什么一样。小方气哼哼地盯着他，等着他向自己解释一番，并在心里酝酿着如何抢白他。他支吾了一阵后说：

“对不起，我身旁那个人总接我的话茬，一会儿我再打给你好吗？……”

听他这么说小方的脑袋“嗡”地一下，再细打量一下眼前的这个人，这才发现他的另一侧耳朵上正挂着一个耳机，耳机线蜿蜒曲折地一直延伸到他腰部的手机上……

※ 大道理

尴尬谁都会遇到，最重要的是学会化解尴尬的方法。

机智测验

在一次选美比赛当中，评委问一位小姐：“假如你一丝不挂，正在淋浴，一个陌生男人闯进来，请问你要先遮盖哪一部分？”

她想了一会儿回答说：“先遮住他的眼睛。”

※ 大道理

人先有眼睛，然后知羞耻。世上善恶同行的原因，在于人类总是睁一只眼，闭一只眼。

撬车门

小林和妻子兴致勃勃地到汽车经销商那儿取新买的轿车，却被告知由于职员的疏忽，新轿车的钥匙被锁在了车里。在经销商左一句道歉右一句对不起的陪伴下，他们来到了新车面前，见有一个满头大汗的开锁技师正在用特殊工具开锁。于是，小林他们站在一旁静静观看。过好半天也不见车门打开。小林等得有些不耐烦了，但又不好意思说什么。百无聊赖之际伸手拧了一下车门，车门竟出乎意料地开了。

“嘿！”小林惊喜地叫道，“这儿开着呐！”

“我知道，”技师一边忙着继续开车门一边不屑一顾地说，“你那边我早已经弄开了。”

※ 大道理

一切行动都有自身目标，不可只顾追求“开锁”而忘记了“开锁”的目的。

违法行为

开往日内瓦的快车上，列车员正在检票。一位先生手忙脚乱地寻找自己的车票，他翻遍所有的衣袋，终于找到了。他自言自语地说：“感谢上帝，总算找到了。”

“找不到也不要紧，”旁边一位绅士说，“我去过日内瓦 20 次了，都没买车票。”

他的话正巧被站在一旁的列车员听到，于是快车到达日内瓦车站后，这位绅士被带到了拘留所，受到严厉的审问。

“你说过，你曾有 20 次无票来到日内瓦？”

“是的，我说过。”

“你可知道这是违法行为？”

“不，我并不这么认为。”

“那么，你如何说服法官，证明你无票乘车是正当的呢？”

“很简单，我是自己开汽车去的！”

※ 大道理

话有前因，语有后果。闻者当充分了解话外因由，进行适当的分析判断；言者也要多考虑话出口后的效果，避免招致不必要的误会。

在精神病院里

一位官员到一所精神病院里参观，前来陪同的院长告诉他，这里有些病人很危险，但管理得很好。

参观快要结束时，在病房外边的走廊里，有一个女人迎面走过来。官员发现她的眼睛里露出一股凶光，便连忙退到一边，还好，那个女人只是狠狠地瞪了院长一眼就过去了，什么事情也没发生。

等她走远了，官员才转过脸来批评院长：“看来你们这里的管理还需要加强。”

院长一个劲儿地点头。

事后，有人告诉那位官员，那个女人并不是这里的精神病人，而是院长的妻子。

※ 大道理

不要轻易发言表态，要在调查研究之后再说话，这点非常重要。一定要审时度势，让自己的话语掷地有声，这样，你才会提高自己的威信。

没有首长肥

首长视察部队，来到四连猪圈。圈里有30头猪，头头滚瓜溜圆膘肥体壮，十分讨人喜欢。首长看了，感叹不已，大声问话："谁是饲养员啊？"

"报告首长，我就是！"身扎围裙的战士立正回答。

"猪养得不错，头头都很肥！"首长表扬战士说。

"养得不好，没有首长肥！"战士在表扬面前，一时不知说什么好，慌乱中冒出一句不得体的话。

"嗯，不会说话。"陪同首长视察的团长怕收不了场，赶忙补充一句。没想到战士突然举手敬礼，正正规规地回答："是！首长不会说话。"

※ 大道理

眉毛越描越黑，事情越解释越不清。事情也好话语也好，解释有时更容易添乱，因为有的时候，话说得越多漏洞就越多。让对方去理解效果反倒会更好。

狗教书

一个人惯于说谎话。有一次他对亲家说自己家里有三件宝：有头牛，能日行千里；有只鸡，每个更次啼一声；还有只狗，能读书认字。

亲家听了很吃惊，说：“有这样的新鲜事，过些日子我一定到府上看看。”

说谎人回到家，对妻子讲了经过，并说自己一时说了谎，亲家又要来看，不知如何应付。

妻子说：“不要紧，我自有办法。”

第二天，亲家果然来了。说谎人赶紧躲出去，他妻子对亲家谎称丈夫早上外出了。

亲家问几时回来，女主人说：“七八天就回来。”

亲家又问怎么能那么快，女主人道：“骑了我们家的牛去的。”

亲家说：“您家还有报更的鸡，怎么大中午的也叫？”

女主人说：“这就是，它不仅夜里报更，白天听到生客来也报。”

亲家听了说：“听说还有能读书的狗，可否让我看看？”

女主人答道：“不瞒亲家说，只因为家里穷，让它出外教书去了。”

※ 大道理

谎言像空气一样无处不在，有时候一个谎言连着一个谎言。善意的谎言让人免受伤害，可以谅解；而那些恶毒的谎言却让人深受其害，让人痛恨不已。

此乃天机

有三个读书人上京赶考，路过一处高山，听说这山上住着一位“半仙”，能推算一个人的功名爵禄，于是便上山去求教。半仙见来了三个人，便紧闭双目，端坐不动，听三人说明来意后，便马上伸出一个手指头，闭口不言。

三人不解其意，请他作解说。

半仙摇头说：“此乃天机，怎可泄漏。”

三人无奈，只得下山而去。

当晚，半仙的徒弟悄悄问师父：“你白天对三人只伸出一个手指，究竟是什么意思？”

“笨徒，这个诀窍你还不懂吗？告诉你吧，来者共有三人，如果一个考中，那一个手指就表示只考中一个；两个考中，那一个手指就表示其中有一个没考中；三个都考中，那一个指头就表示一齐都考中，三个都没考中，那一个指头就代表一道都落榜了。”

※ 大道理

对无法回答的问题可以保持沉默，因为，沉默是金。这样，不仅可以增加神秘感，掩饰自己的不足，个人的威望也会得到提升。

翁婿宴饮

从前有个富翁生了三个女儿，长女、次女都嫁了个秀才，只有小女儿嫁了个村夫。

富翁生日这天，三个女婿都来给岳父祝寿。富翁见长女婿、次女婿言谈斯文，心里很是喜欢；又见小女婿说话粗俗，心中颇为不快。

在宴席上，富翁特意说："今天我来陪你们三人饮酒，席间不许胡言乱语。"说这话时，他还故意瞅了小女婿一眼。

酒过数巡，富翁举起筷子请大女婿吃菜，大女婿斯斯文文地欠身说："君子谋道不谋食。"富翁一听大女婿出口就是孔子圣言，心里高兴极了。

酒至半酣，富翁又举起酒杯劝二女婿饮酒，二女婿也斯斯文文地欠身答道："惟酒无量，不及乱。"富翁一听，又是《论语》之言，心里更高兴了。

丈母娘在一旁见老头子只劝大女婿、二女婿吃菜饮酒，却冷落了小女婿，就坐不住了。她连忙举起杯子斟满了酒请小女婿饮酒。

小女婿也大大方方地欠起身来对丈母娘说："我和你是酒逢知己千杯少。"

富翁听到刺耳，就骂道："这畜牲竟如此无礼，哪有点斯文？"

小女婿把酒杯往地上一扔，拍案而起，还口道："我与你是话不投机半句多。"

※ 大道理

祸从口出，往往是说话之人不顾及当时的环境和讲话对象所致。三缄其口，要比自作聪明的"满嘴跑船"好得多。

等火车

一位中年妇女刚搬进新居不久，便打电话给物业的管理人员，说每当火车经过时，她的睡床就会摇动。

“这怎么可能呢？”管理员回答说，“我来看看。”

管理员到了以后，中年妇女建议他躺在床上，自己体会一下火车经过时的感觉。

巧的是，管理员刚上床躺下，女人的丈夫就回来了。他见此情形，便厉声问管理员：“你躺在我妻子的床上干什么？”

管理员战战兢兢地回答：“我说是在等火车，你会相信吗？”

※ 大道理

有些话是真的，听上去却很假；有些话是假的，却令人深信不疑。

森林猎鹿

两个人租用了一架小飞机和机师飞到森林猎鹿，几天下来，打到 6 只鹿。这天，飞机按计划飞来接他们，但飞行员只允许他们带 4 只鹿回去。

“太沉了，超重！”

“怎么会？去年我们也是带了 6 只鹿，和你这架飞机型号功能一模一样，那个飞行员让带，你怎么就不让？”被吵的没办法了，飞行员只好让他们带上所有猎物。

但飞机确实太重了，起飞不了。低低地滑了一阵，终于在一个山腰撞毁。两人从飞机里爬出来，一个问："这是哪儿？"

另一个答道："我认得路，我带你出去，去年我们也是在这儿坠毁的！"

※ 大道理

吃一堑，长一智。在坑前跌倒一次没什么，若在一个坑前重复地摔跟头，那就未免有些可笑了。

约　会

某城市有两个城区，相隔 18 千米，由一条大道连着。大道的南端，有一个火葬场。大道的北端，有一座"天堂公墓"。二者都紧靠马路，都很出名。

一天，一位朋友坐在车上给另一位朋友打电话，恰巧两人一个的车靠近火葬场，一个的车靠近"天堂公墓"。

"喂，老吴吗？你在哪里？"靠近火葬场的人首先发问。

"老李吗？我快到'天堂公墓'了。你现在在哪里呀？"对方回答。

"我在火葬场。你等等我，我马上就到！"

※ 大道理

言语中谐音或巧合的事情我们经常会遇到，关键是看你如何去面对：是一笑而过，还是耿耿于怀？

飞机上的奇遇

一个人在飞机上向空姐要一瓶矿泉水，怎么等也不见空姐送来，正在懊恼，听见身后有人喊："老子要的 XO 呢？还不送来？"

这人心想："谁这么牛啊？"回头一看，原来是只鹦鹉。

只见空姐急忙忙地跑来，嘴里不住地说道："对不起，对不起，马上就来。"果然，没一会儿她就拿了瓶 XO 过来。谁知鹦鹉又喊："去你的，你耳背吧，我要的可是矿泉水！"

空姐忙说："对不起，马上给您换。"

此人心想："怪不得不给我拿矿泉水，原来她们怕横的啊！"于是站起来冲着空姐喊道："我要的矿泉水你什么时候拿来？"

空姐说："请稍等。"

一会儿，空姐带了一个壮汉过来。空姐朝那人一指："就是他！"壮汉就把这个人扔出了飞机。

此人一边下落一边想："我一大老爷们，还没鹦鹉面子大。"越想越窝火，突然看见鹦鹉也被扔了下来。

鹦鹉经过他身边时说："你不会飞就别跟我学，这下傻了吧？"

※ 大道理

每个人都有自己的长处，处理问题要善于扬长避短，不可对别人的做法生搬硬套。

站住不要动

有一个个性鲁莽率直的士官接到消息，他属下一个士兵的祖父死了。点名的时候他粗声地对那名士兵说：“喂！你的祖父死了。”

士兵听后，当场昏了过去。

过了一个星期，另一个士兵的祖母死了，士官又把他的部下集合起来，当众对那名士兵说：“你的祖母昨天夜里死了！”

那个士兵听了，号啕大哭！

后来有人向上校投诉说那名士官冷酷无情，上校便告诫他说：“以后部下家里有丧事，要婉转一点通知他们。

过了一个星期，士官又接到通知，他的一名部下刚死了祖母。

他记得上校的话，便把所有的士兵集合起来宣布道：“凡是祖母仍健在的，向前走一步……

然后士官指着一名士兵：“喂，你站在那里不要动！”

※ 大道理

说话是一门艺术，也是一种能力，是需要学习的。同样一件事，有的人表达出来温暖人心，有的人说出来却让人如坠冰窟。

开餐馆

一家陕西人在纽约唐人街开了家餐馆，儿子当服务生，老妈管收钱，老爸做大厨。

某一天，店里来了个老外，点了个套餐，吃到一半时不小心把汤碗打了。

儿子跑过去看了一下说：“碗打了！”

老外道：“one dollar...”

老妈听见声音，也过来看，见地上有个破碗问：“谁打的？”

老外道：“three dollar？”

儿子说：“他打的！”

老外道：“ten dollar？”

老妈又说：“还得给他盛一碗！”

老外想：“hundred and one？”

老爸正在厨房切菜，听见外面的声音，赶忙跑出来看怎么回事。忙乱中，忘了把菜刀放下。五大三粗的老爸，手持菜刀站在餐厅里，老外一看，心跳加速，血压急升，但更让他心碎加崩溃的是老爸的一番话。老爸对着正在加热炉上舀汤的儿子大声说：“烫，少盛点儿！”

老外：“thousand？！！...”

老外以惊人的速度从口袋中掏出钱包，把里面所有的钱倒在了桌上，然后疯了一样往门口奔去。

※ 大道理

误会有时是因为我们缺乏沟通或是语言交流不便所引起的。因而避免让人误解最好的办法，就是尽可能地了解对方，也让对方尽可能多地了解你。

牛下驴

有个小伙子骑驴去赶庙会，迷了路，好不容易遇上了一老汉，就在驴背上吆喝道：“哎！赶庙会的路该怎么走？”老汉见他一不称呼，二不下驴，便假装没听见，接着赶路。小伙子又嚷道："你耳朵聋啦？"

老汉停了下来："别见怪，我有急事哩——我的驴下了头牛。"

"驴下了头牛？它为什么不下驴？"

"啊！小伙子，没想到你还知道下驴。"

小伙子这才醒悟是自己的过错。

※ 大道理

抓住对方的话柄反击，让对方有口难辩，变成哑巴吃黄连——有苦说不出。

变化奇妙

"假如遇上狮子追捕……安迪，要是您在沙漠里被狮子追上了，请您老实告诉我，您会怎么办？"

"啊，这太简单了，我就把步枪拿出来，向它扫射一阵子。"

"但是，要是您没有步枪呢？"

"那我就把手枪拿出来呀。"

"要是手枪也没有呢？"

"我还有短刀呀，我就把短刀拿出来，向它刺去。"

"但是，要是您连短刀也没有呢？"

"这也简单得很，我可以把皮袄脱下来塞在它嘴里。"

"但是，安迪，您仔细地听我说吧，您在沙漠里，在那酷热的沙漠里，您会有皮袄吗？"

"那您也听我说说，先生，您是站在我这边呢，还是站在残暴的野兽一边？您究竟愿意谁赢？”

※ 大道理

追求事物的结果，也要讲究方法、会表达，否则会遭人误解。

忏　悔

从前，有一个人去教堂忏悔。他对神父说：“神父，我有罪。”

神父说：“孩子，每个人都有罪。你犯了什么错？”

那人回答：“神父，我偷了别人一头牛，我该怎么办？神父，我把牛送给你好不好？”

神父回答：“我不要，你应该把那头牛送还给那位失主才对。”

那人说：“但是他说他不要。”

神父说：“那你就自己收下吧。”

结果，当天晚上神父回家后，发觉他家的牛不见了。

※ 大道理

小偷偷牛不对，神父的做法也不正确。教育感化一个人不应用“刮肉喂鹰”的方式，而是要为之拨开迷雾指明方向。

不得要领

“救火！救火！”电话里传来了紧急而恐慌的呼救声。

“在哪里？”消防队的接线员着急地询问。

“在我家！”

“我是说失火的地点在哪里？”

“在厨房！”

“我知道，可是我们该怎样去你家呀？”

“你们不是有救火车吗？”

※ 大道理

越是情急之下越要注意分辨言谈话语的实质，越是要向对方言简意赅地表达清楚自己的意思。

金色沙龙

一名男子喝了 12 罐啤酒，肚子挺得很大，东摇西晃走到家门口，刚好被老婆逮到。她猜想老公一定在外面鬼混了。

“你整个晚上死到哪里去了？”她质问道。

“在新开的那家很棒的沙龙啊。”他说，“金色沙龙，那里的一切都是金色的。”

“胡说！哪有这种地方？”

“当然有！金色的门，金色的地板，连尿壶都是金子做的！”

老婆当然不相信他的鬼话，第二天拿了电话本，找到叫金色沙龙的地方，就打电话到那里查证老公头天的经历。

“这里是金色沙龙吗？”她向接电话的酒保问道。

“没错。”

“你们有金色的地板吗？”

“可以这么说。”

“那金色的尿壶呢？”

停顿了好一会儿，然后女人听到酒保大吼：“嘿，公爵！我想我逮到那个往你萨克斯管里撒尿的家伙了！”

※ 大道理

人要有理智，一旦过于放纵自己就和失去控制的猛兽没什么两样，难免做出诸如这般“酒后无德”的蠢事来。

巧遇麻将痴

两个贼赌输了钱，回家途中见一个门开着，遂生窃取之念。

他俩蹑手蹑脚进门，先看见墙上的精致挂钟，正欲拿时，突听有人说：“别动，碰红中！”贼惊，屏住呼吸鼠眼四顾，但见墙角床上醉卧一人。

甲贼见状对乙贼小声说：“拿了墙边的气筒吧。”

床上人像是耳特灵：“别忙，我碰七筒！”

贼大惊，互耳语：“这定是麻将坛上的瘾君子，我们拿点与牌无关的东西吧。”正说间，乙贼碰响了桌上的酒碗，甲贼急道：“小心酒碗！”床上人梦中道：“碰九万！”

乙贼许是气昏了头，忘记自己是来做贼的了，冲酣睡的那人喊道：“叫你碰，叫你碰，九万老子和牌！”

床上人立即争辩：“不可能，不可能！我有三个九万,四个七万，你怎么和牌？”一急便从梦中醒来，见房中有两个人，便又怒道：“怎么又是三缺一！不是叫你们再去约一个吗？”

※ 大道理

不良嗜好容易使人产生心瘾。世上的事分三种：该做的；不该做的；可做可不做的。比如，麻将，就是可做可不做的事。可做可不做的事做得越少，成功的概率就越高。

过感恩节

旧金山的约翰给在纽约工作的儿子戴维打电话。

“我也不想让你感到难受，但是我不得不告诉你这个消息……我和你母亲已同意离婚，45 年的煎熬我们受够了。”约翰的话音中有一些失落感。

“老天！你在说什么呀，老爸？”戴维大吃一惊。

“这也是没有办法的事，我们现在甚至连看一眼对方都不愿意。”约翰叹了口气，接着道，“我们彼此讨厌对方，我也讨厌再提这事，苏姗那边就由你告诉她吧。”说完，约翰便挂断了电话。

戴维马上给芝加哥的妹妹打电话：“苏姗，你一定要冷静，听着，老爸老妈想离婚，怎么办？”

“什么？上帝呀，我们得回去阻止他们！”苏姗在电话那边尖叫。

挂断哥哥的电话后，苏姗立刻拨通了家里的电话，是她父亲接的电话。

“你们不许谈离婚！不许乱来！一切都要等我和戴维回来再做打算，我们明天就到，到时再做打算，千万不要冲动！听见没有？”苏姗一口气嚷完就挂了电话。

约翰放下电话，转身对妻子说：“好了，他们能回来过感恩节了，但圣诞节我们还该怎么说呢？”

※ 大道理

是啊，到圣诞节时老约翰还能编出怎样的谎话呢？儿行千里母担忧，可怜天下父母心，还是常回家看看吧！

送醉鬼回家

一个好心肠的人路过一幢楼房，在楼梯口处，他看到一个家伙醉得很厉害，坐在台阶上，似乎等着有人来帮他一把。

于是他走上前去问他："你住这儿吗？"

"是的！"醉鬼回答。

"你要我帮你回家吗？"

"是的！"

于是他扶起那个家伙，把他拽到二楼，然后他问："你住这层楼吗？"

"是的！"

听到他这么说，好心人打开了身边的门，把那醉鬼塞了进去，因为他不希望醉鬼的家里人以为是他把他灌醉的，所以就赶紧离开。当他下了楼之后，出乎他意料的是，他又看到一个醉鬼，跟刚才那人长得很像，只不过看上去他好像醉得厉害多了。

于是他又问他要不要帮忙送回家，然后把他拖到二楼，问清楚他是住在这一层之后，他打开门，把他塞了进去。

可是，老天好像跟他开玩笑似的，当他到楼下之后，他又发现一个醉鬼，而且比前面两个人醉得更厉害。不过，他毕竟是个好心人，他还是像帮助前两个人一样把他背上了二楼，塞进了那个门里面。

但是，当他来到楼下的时候，他又看到一个醉鬼，他正想过去问问到底是怎么回事，那醉鬼却像见到鬼一样发疯地跑到不远处的警察跟前，对警察说：“警察，请你管管，这家伙简直神经病，不停地把我弄到二楼然后把我从电梯道里面给扔下来！”

※ 大道理

人时刻要保持清醒的头脑，才能对身边变化的环境做出最恰当、最准确的判断。这位好心肠的人估计也不比那位醉鬼清醒多少。

啰　唆

学生：“老师，啰唆这个词怎么解释？”

老师慢吞吞地在黑板上写下“啰唆”两个字，然后不紧不慢地说：“啰唆，啰唆嘛，就是说话拖泥带水，啰里啰唆，讲话不清楚，不利索；所谓啰唆者，麻烦也，麻烦也，令人心烦，令人讨厌……”

学生：“老师，您这不是啰唆吗？”

老师很生气：“什么，我这是啰唆吗？如果说我这是啰唆，那么我的啰唆就是很有必要的啰唆，非比寻常的啰唆，异常有用的啰唆，非同一般地啰唆！因为我啰唆的越多，你对啰唆就理解得越清楚，越透彻，越明白……”

※ 大道理

人不能掉入自己设置的沼泽里，能一句话说明白的事，就不用两句话来说。有时“言简意赅”能更让人明白。

从善如流

柯德希："律师先生，如果我在开庭之前送只肥鹅给法官，并附上我的名片，您认为怎样？"

律师："您疯了？您会立刻因贿赂法官而输掉这场官司的！"

开庭的结果是柯德希赢了官司。第二天他得意地告诉律师："我没听您的劝告，还是把鹅寄给了法官！"

律师满脸疑惑地说："这不可能啊！这个法官我非常熟悉，他绝对是一个廉洁的人！"

"可能的！"柯德希解释道，"只是我把对手的名片同鹅一起寄去了。"

※ 大道理

柯德希的做法当然不值得提倡，但我们从这个故事中可以悟到这样一个道理：条条大道通罗马，在处理许多事情时只需我们换个角度去认识问题，便能取得事半功倍的效果。

谁的狗

达利先生听见有人敲门，连忙把门打开，原来是一位好友前来拜访，身后还跟进一只大黑狗。

两人开始交谈起来，这时，那只狗撞倒了台灯，带着脏爪子跳到了沙发上，接着又开始咬枕头。达利先生终于忍无可忍，他大声对朋友吼道:“你怎么不管一管你的狗?”

“你说什么?我的狗?!”朋友惊奇地答道,“我还以为是你的呢!”

※ 大道理

碍于情面使我们失去过许多可以挽回损失的机会,所以朋友之间还是坦诚相待为好。

立竿见影

有位犹太老人乘火车,一个傲慢的军官坐在他的正对面。

军官看了看正在吃青鱼的老人,得意扬扬地问:“为什么都说犹太人很聪明?”

“这是由于青鱼头的缘故。”犹太人说。

“您说青鱼头是什么意思?”

“我们是吃整个青鱼,也就是说连头都吃了。”

“我懂了。您能卖给我两个青鱼头吗?”

“非常愿意。要2个卢布。”犹太人回答。

军官虽然觉得很恶心,还是一下把两个青鱼头都咽了下去,突然他叫起来:“你骗我,你卖的青鱼头根本不值这么多钱。”

犹太人满意地点点头:“您看,马上起作用了吧。”

※ 大道理

很多的时候,我们总是等到事情发生后,才恍然大悟,才知道后悔。只有保持冷静的心态,才能做到旁观者清,才能把一切都看透,不至于最后为结果而烦恼。

车窗上的标价

老张去朋友家做客，两人话越多酒也就喝得越多，直喝的昏天暗地，连东西南北都分不清了。

夜深了，老张趔趄着告别朋友，出了朋友家之后招手就截了辆车。

司机好心提醒他："对不起，我在值勤，不能送你回家，这不是出租车。"

老张气哼哼地说："你放心，我没有喝多，不会吐在你车上，你想拒载我就投诉你，别以为我没看清楚，你车窗上明明写的是每公里一块一嘛！"

司机哭笑不得："这是 110 巡逻警车啊！"

※ 大道理

当理智让位于偏执或昏聩，做出的事想不愚蠢都很难。

船长的命令

有一位船长带领一批新水手航行在大海上。突然看见一只海盗船向他们驶来。

水手们一片惊慌。然而船长很镇静，他向副手说："拿我的红色衬衫来！"

船长穿上他的红衬衫，指挥水手作战，终于战胜了海盗。

这天，又来了两艘海盗船，水手们又害怕起来。

船长仍镇静地说:“拿我的红色衬衫来!”……终于又打败了海盗。

水手们不解地问:“您为什么总要穿红衬衫打仗?”

船长说:“这样做,万一我受伤,你们就不会因看到我在流血而惊慌啊!”

这天,突然来了十几只海盗船。这次,水手们更加害怕,他们都紧张地看着船长,等着船长的拿红衬衫的指示,船长想了半天,对等着他命令的副手说:“拿我的酱色裤子来!”

※ 大道理

一磅的勇气胜过一吨的运气。肖斯塔柯维奇有句名言:“愿赐给我勇气,改变那可以改变的事;愿赐给我冷静,接受那无法改变的事;愿赐给我智慧,分辨以上二者。”

证明身份

一对夫妻开车外出,遇到交通检查,警察看完丈夫的执照后说:“你的驾照没有问题,但你能证明坐在你身边的这个女士确实是你太太吗?”

“当然是呀,不信你问她好了。”

“岂有此理,她说是就是吗?”

“你的意思是说她不是我太太?”

“如果不能证明那就不是!”

“太好了。”丈夫压低声音对警察说,“既然她不是我太太,我乐意把她送给你!”

※ 大道理

生活中还就真有这样的怪事：事实明明摆在那里，要证明却异常困难，相反证明它不是事实却容易得多。

大智若愚

威廉出生在一个小镇上。他是一个文静且又害羞的孩子，人们都把他当作是个傻瓜看待。

镇上的人常常喜欢捉弄他。他们经常把一枚五分的硬币和一枚一角的硬币扔在他面前，让他任意捡一个。威廉总是捡那个五分的，于是大家都嘲笑他。

有一天，一位妇人看到他很可怜，便对他说："威廉，难道你不知道一角要比五分值钱吗？"

"当然知道。"威廉慢条斯理地说，"不过，如果我捡了那个一角的，恐怕他们就再也没有兴趣扔钱给我了。"

※ 大道理

和那些喜欢捉弄小威廉的人一样，很多人的悲哀并不是因为他有多愚蠢，而恰恰是因为他的小聪明。

人云亦云

法基姆到澡堂去洗澡，服务员请他猜个谜语："请你告诉我，聪明人，这个人是谁：他既不是我的兄弟，也不是我的姐妹，但他却是我父母的孩子。”

法基姆想啊想，最后他说：“我不知道。”

澡堂服务员笑道：“就是我呀！”

法基姆很喜欢这个谜语。他回到家里，便对老婆说：“莎娜，告诉我这个人是谁：他既不是我的兄弟，也不是我的姐妹，但他是我父母的一个孩子。”

莎娜答不出来。

法基姆笑得几乎透不过气来：“你不知道吗？他就是洗澡堂的服务员呀！”

※ 大道理

很多时候，传播谬误比传播真理要容易得多。

吝啬鬼的遗嘱

古时候，有一个人非常吝啬。有一次，他病了，病情越来越重。当他生命垂危的时候，便把孩子们叫到身旁，嘱咐说：

“你们听我说，不要因为我的死而乱花钱。务必把丧事办得俭朴一些，尽可能不花钱才好。”

孩子们说：“那就照您的遗嘱办，可是棺材总得雇人用轿子抬出去吧？”

老头道：“不，那太费钱了。”

“那就用牛车拉吧。”

“那也费钱。”

“那就请两个人扛出去吧。”

“不，那也得雇两个人，要花钱，那不行。”

“到底该怎么办呢？”

隔了一会儿老头说：“咳，真麻烦。死后，还是让我走着去吧。”

※ 大道理

抛开吝啬这方面不说，从固执的老人身上我们还会看到：对别人不放心的人实际上是对自己不放心，对别人不相信的人就是对自己的不相信。实际上，把事情放手让给他人去做，也是对自己的一种解脱，是对自己的一种善待，是另一种幸福。

毒蘑菇

一群在丛林里探险的人，意外地在一棵树的旁边发现了一堆蘑菇，队长约翰让大家把蘑菇采回去当中午菜。

当蘑菇就要下锅的时候，颇有心计的迈克提醒大家小心有毒，然后他给身旁的狼狗吃了一块蘑菇。半小时过去后，那条狗安然无恙，大家就放心地把剩下的蘑菇吃了个干净。

又过了两个小时，迈克神情沮丧跑来对约翰说：“那只狗死了，真是可怜啊，我这就去将它埋葬！”然后带着满脸的悲伤转身离开。

这下大家可慌了神，纷纷到镇上的医院去吃药、洗胃，都被弄得苦不堪言。幸运的是，经过及时治疗，每一个人都安然无恙。

约翰很庆幸地对刚回来的迈克说：“很幸运我们都没有事。对了，那只狗死的时候一定很痛苦吧？”

迈克摇摇头：“没有啊！它死得很干脆，我的车轧过去的时候它都没来得及叫出声来。”

※ 大道理

凡事须探求个究竟，不可人云亦云盲目跟风，惊慌失措难免会做出后悔莫及的事来。

谁是笨蛋

某天两个有钱人在乡村俱乐部里闲话家常。其中一人对另一个人说：“嘿，我告诉你我的司机实在很笨，你不认为吗？你看看就会知道。”

他把他的司机吉米叫过来对他说：“这里有 10 元，到汽车展示区去给我买一辆车回来。”

吉米回答：“是！先生，我马上就去。”说完就跑去汽车展示区了。

有钱人对着他的朋友说：“看，我告诉你他很笨吧？”

而另一个有钱人说：“那没什么，你要看笨蛋，我就给你看真的笨蛋。”

接着，他就叫他的司机比利过来：“比利，回家去看看我在不在家。”

比利回答：“是，先生，我马上就去。”说完就跑回家了。

另一个人说：“看到了吧，他甚至不用脑子想想，我在这里又怎么可能会在家呢？”

稍后，两个司机在街上相遇。吉米对比利说：“嘿，你知道吗？我老板实在是太笨了，他竟然给我 10 元叫我去汽车展示区买一辆车给他，他不知道今天是星期日吗？汽车展示区根本没开！”

比利回答：“你认为他笨吗？我老板比他笨多了！他竟然叫我回家看他有没有在家，他有移动电话，他不会自己打啊！”

※ 大道理

天下没有一个人愿意承认自己是愚笨之人，都自认为比他人聪明，眼前的人个个是傻瓜。

剩个乞丐给我

张、李二人同行，远远看见一个富翁坐在轿子里，张急忙把李拉到一旁说："那富翁是我亲戚，见到我，一定会下轿招呼，彼此费事，避开为好。"

走着走着，路上又碰到了一个贵人，张又说是他好友，也把李拉开，在路旁回避。

再往前走，见到了一个乞丐。李急拉张往一旁躲避说："这个穷乞丐是我亲戚，又是好友，要是不回避一下，彼此都不好意思。"

张惊奇地问："你为什么会有这样的亲友？"

李笑着说："富翁贵人都给你认作亲友了，只好剩下穷乞丐给我！"

※ 大道理

虚荣心人皆有之，但应有个度，不可为了满足自己的虚荣心过分虚假地抬高自己，那样只会和自己的愿望背道而驰，为他人留下笑柄。

安眠药

颜容憔悴的病人对医生说："我失眠得厉害，快让我好好睡一觉吧！"

医生赶紧扶着病人坐下，询问他是什么原因导致他睡不好觉。

病人说："我家窗外的野狗整夜叫个不休，哪里能睡得着啊！我简直要疯了！"

于是医生给他开了一些安眠药。一星期后，病人又来了，看上去样子比上次更疲惫。

医生问："难道是安眠药无效吗？"

病人无精打采道："我每晚去追那些狗，可是好不容易捉到一只，它怎么也不肯吃安眠药。"

※ 大道理

问题解决得好坏，事先规划固然很重要，但执行更为关键，正所谓"差之毫厘，谬以千里"。

好　酒

英国人、俄国人还有中国人都说自己国家的酒好，口说无凭，于是决定当场比试一下。

英国人拿出一瓶威士忌，倒了一杯放在地上，只见一只耗子跑来，尝了一口便翻倒在地昏睡过去。

俄国人拿出一瓶伏特加，倒了一杯放在地上，只见一只耗子跑来，闻了一下便翻倒在地昏睡过去。

中国人拿出一瓶二锅头，倒了一杯放在地上，只见一只耗子跑来，闻了一下转身便跑。观者不解，问：“这算什么？”

中国人笑答：“再看便知。”

话音刚落，只见刚刚那只耗子手持一块砖由洞中冲出，直着舌头喊：“猫呢？猫呢？我今天一定要拍死它！”

※ 大道理

谁都说自己的孩子好，究竟哪个好，拉出来比试比试，看谁的本领大，由众人去评说。商品也是一样，你的广告打得再好也没有用途，还要看商品真正的效果。

刘大拜见上司

过去，有个叫刘大的人，家里很富有。当时有钱可买官做，刘大就花钱买了个官当。上任以后，去拜见上司。上司问道：“你管辖的那个地方，风土怎样？”

刘大说：“我们那儿并无大风，尘土就更少了。”

上司问：“春花怎样？”

刘大答：“今年春天的棉花每斤二百八。”

上司问：“百姓怎样？”

刘大答：“白杏只有两棵，红杏倒有不少。”

上司有些生气，说道：“我问的是黎庶。”

刘大说：“梨树很多，结果子却是很少。”

上司火了：“我不是问什么梨杏，我问的是小民！”

刘大忙站起来说：“是，大人！我的小名叫狗子。”

※ 大道理

金钱可以买来许多东西，却买不来真才实学。

愚蠢的酋长

某酋长有爱听故事的嗜好。

一天，他大宴宾客。在他的再三请求下，一位外地客人讲了一个有趣的故事。

这位客人在城里遇见过一个自命不凡的人。客人对他说：“请你猜猜我口袋里到底放了些什么。要是你猜到了，我就把这些鸡蛋的一半送给你；要是你能猜出鸡蛋的个数，我就把这10个鸡蛋全给你。”

那人想了半天说：“朋友，我虽说不笨，但不可能事事皆知。我猜不出。”

客人说：“再猜猜，这东西外面白，里面黄。”

“猜到了！”那人大声说，“那一定是一堆白萝卜，中间藏了一个土豆。”

听到这里，客人们都笑了，那个酋长更是大笑不止。最后他问道：“朋友，现在请你告诉我们，你在口袋里到底放了些什么？”

※ 大道理

人可以适当掩饰。但掩饰自己的缺点不要像《皇帝的新装》中的那些大臣一样，弄巧成拙，更加显露出自己的无知和可笑。

尴　尬

小明是个爱看热闹的人，不管哪里发生什么事总要跑过去看，或是千方百计地打听。

一天，他听说西巷发生了火灾，就急忙跑到了西巷。到那儿以后只见一群人围在了一起，小明怎么挤也挤不进去。他听到有人在议论："都烧成这样了，太可怜了……"小明心里这个急呀，灵机一动有了主意，一边往里挤嘴里一边喊道："我是死者的亲友，大家让一让。"

这下终于挤了进去，来到近前。许多双眼睛都在看着他，小明也目瞪口呆，脸红一阵白一阵的。原来烧死的是一头老母猪。

※ 大道理

耍小聪明者往往能够得到一些实惠，但也常常会"聪明反被聪明误"，令自己陷入尴尬境地。

卖　药

某人开了一个药店。一天他要外出，临行前对儿子说："我要出去了，你有没有把所有的药品名称都记起来？"

儿子就说："都记起来了。"某人便放心地出门了。

过了一会有一位教授来了，他问儿子："令尊在吗？"

儿子说："没有令尊这种药。"

教授又问："那令堂在吗？"

儿子说："也没有令堂这种药。"

教授听后，气哼哼地走了。

某人回来就问儿子有没有人来买药，儿子就说："有，可是我找不到令尊和令堂这两种药！"

某人听了之后就打了他儿子一巴掌，然后跟他儿子说："令尊就是我，令堂就是你妈。"第二天某人出去后教授又来了，他又问儿子："令尊令堂在吗？"

儿子就打了教授一巴掌说："令尊就是我，令堂就是你妈。"

※ 大道理

面对新知识，一定要理解透彻真正掌握，一味地机械照搬，和囫囵吞枣没什么两样。

牧师的讲话太长

在乡下工作多年的老邮递员约翰死了，葬礼办得很气派，整个地区的人都前来参加。这些年来，约翰一直辛辛苦苦地为这个地区的人服务，牧师觉得应该再讲点什么，以向约翰表示感谢，于是他站在棺材旁念了一首诗：

"冬天，当大雪纷飞、寒风刺骨的时候，他来了；春天，当道路泥泞、沼泽为患的时候，他来了；夏天，当尘土飞扬、太阳灼热的时候，他来了；秋天，当秋雨绵绵、寒气袭人的时候，他来了。"

从教堂出来，在回家的路上阿尔宾对他的邻居奥洛夫说："奥洛夫，牧师今天的讲话很不错。"

"是的，很不错，但是没必要那么长，实际上他只须说，约翰在各种鬼天气里都来，就够了。”

※ 大道理

有时候，简洁要比冗长更有力。在当今快节奏的生活里，一切都需简洁，短更容易用上力，长则易断，中间环节容易出问题。

看腿识鸟

某大学在做一次动物学考试，主考官宣布试题：“在教室前面放着 10 只鸟，每只鸟都用布袋罩着，只有腿露在外面。请大家认真观察每只鸟的腿，然后说出它们各自的俗名、习性、类属……”

一位同学观察了每只鸟的腿，但这些鸟在他看来，似乎没什么不同，他越看越气恼，起身对考官说：“这样的考试太无聊了，谁能做到看腿识鸟？”

考官对他的言行感到吃惊，急忙问道：“你是哪班的？叫什么名字？”

恼怒的学生走到讲台上把裤管往上一提亮出小腿，向考官吼道：“你猜猜我是谁啊？”

※ 大道理

“己所不欲，勿施于人。”恼怒的学生做到了有力的反击。

让　座

有个精力旺盛的老婆婆去搭公车。上了公车，一个彬彬有礼的少年起身让座给老婆婆，老婆婆说：“你坐好，我还很年轻，不需要你让座给我的！”

过了一会儿少年又站了起来，老婆婆拍拍他的肩膀说：“没有关系的，你不用让给我坐，我没那么老，我还年轻呀！”

就这样经过数次后，那少年哭了起来。

少年哭着说：“老婆婆，我已经过了好几站了，你为什么不让我回家啊！”

※ 大道理

常常有这样的人，按照自己的意愿来行事，以自己的眼光来判断对方，结果让人哭笑不得，误人误事。

加倍处罚

有个县官老爷问一有功随从道：“你要我赐你些什么？”

随从说：“我想请你写个命令，让每一个怕老婆的人都向我缴纳一头驴。”

县官老爷照办了。随从怀揣着命令到处转，打听到哪儿有人怕老婆，就向他出示县官的命令，并征收他一头驴。

没过多久，随从赶着一大群驴回来了，县官老爷见了大吃一惊，心想：在我的管辖区里怎么会有那么多的人怕老婆呢？

第二天，随从去晋见县官老爷，向他汇报情况，并陈述沿途的所见所闻：“老爷！这次出门我遇见了一个绝色的美人，她面似满月，唇红齿白，体态轻盈，妩媚多姿，又多才多艺，温柔典雅。我已经瞒着人偷偷给你带回来了。”

县官老爷喜得眉开眼笑，连连用手示意随从说：“轻点！我太太就在隔壁，她若听见我们的谈话，一定会大闹的。”

随从站起来说：“哈哈，老爷，你也是个怕老婆的，不过你立令违令，罪加一等，对你的处罚应该加倍，快给我两头驴吧！”

※ 大道理

有些事，放在别人身上就是笑话，而落在自己身上却成了悲剧。

智斗强盗

有一次，卓别林带着一大笔现款走在路上。突然，从路旁草丛里跃出一个蒙面强盗。

强盗威胁着要卓别林交出钱款。卓别林答应了，并对他说：“请在我帽子上开两枪吧，我好回去向主人交代！”

强盗“叭叭”两声，照他的话做了。“再在我的衣襟上开两枪吧！”卓别林又说。“叭叭”两声，强盗又照做了。

“最后，请您再在我的裤腿上打两个洞，拜托了！”

强盗一听，不耐烦地提起枪，又在裤腿上打了两枪。

卓别林知道强盗的手枪里再也没有子弹了，便一脚把他绊倒，飞也似地跑了。

※ 大道理

遇到危险时，处于劣势而一味反抗只会无端送命，而若能开动脑筋，依靠智取，则可能会全身而退，毫发无损。所以，遇到危险时一定要冷静地想办法。

翻　译

一名美国警察费尽周折，终于将一名阿根廷抢劫犯缉拿归案。

为了从抢劫犯口中得知他把抢来的钱放到哪儿去了，他为这个会讲西班牙语的抢劫犯叫来了一名翻译。

警察：“老实交代，钱放在哪里？”翻译如实对抢劫犯翻译了。

抢劫犯：“我死也不说！”翻译一字不漏地传达。

警察大怒，拔出手枪对抢劫犯吼到：“你如果不说，我就一枪毙了你！”翻译面无表情地对抢劫犯翻译着。

抢劫犯大惊，忙说到：“我说我说，你千万别开枪。钱全部都放在住宅外面的那辆汽车里面。”

翻译面不改色地对警察译道：“你打死我吧，不管怎样我都不会告诉你的。”

※ 大道理

这就是所谓的“螳螂捕蝉，黄雀在后；道高一尺，魔高一丈”。

不知道是谁的

一个人进城办事。中午吃饭喝多了酒，浑身热乎乎的。吃完饭晃晃悠悠往家走。初春的太阳照过来，令他觉得身上穿着大羊皮袄实在是热，就将之脱下来搭在肩上。

不久大皮袄从肩上滑下来，绊在脚下。他不知是什么，低头一看，心中大喜：谁的大皮袄丢在路上，正好被我捡到。随即捡起大皮袄搭在肩上继续向家里走。不久大皮袄又从肩上滑下来，绊在脚下。他低头一看不禁又是一阵高兴：又是一件大皮袄，我也把它捡起来吧。就捡起大皮袄又搭在肩上向家里走。……一路上那件大皮袄也不知掉下多少次。

这位乡亲到家后，他妻子问："你的大皮袄呢？"

他高兴地说："你不问我倒忘了，我在回来的路上捡了好多好多大皮袄，也不知是谁丢的。我嫌它们太重，所以最后一件我就没捡。"

※ 大道理

一路糊涂着捡了很多件皮袄，却把自己的皮袄弄丢了。平时我们做事时也会犯这样的错误，看似做了许多工作，但关键之处却没有把握好，最后必然导致失败。

喝醉的超人

一家位于摩天大楼顶端的酒吧生意兴隆。这一天某甲心情不佳，在这里借酒消愁喝闷酒。从外面走进来一个醉汉，满身的酒味。他走到吧台那里，向酒保要了一杯烈性酒，喝完后二话不说，走到一扇没关的窗户前，毫不犹豫跳了出去。

某甲看了吓了一大跳："怎么当场跳楼自杀呢？"

没想到过了一阵子，那名醉汉又从门口走进来，毫发无伤。他走向酒保那里，又要了一杯酒，然后又是喝完就从窗户跳出去……同样的情形又发生了好多次，某甲越看越觉得不可思议，就趁醉汉喝酒的时候，问他怎么回事。

他答说："这酒有强烈的挥发性，在体内作用，可以使人产生浮力，慢慢飘落到地面上。”

这实在是太神奇了，令人觉得不可思议，但是因为亲眼目睹，某甲也就不加猜疑，马上和他点了一样的酒，一仰头一饮而尽，然后学醉汉也从窗户跳出去，结果某甲被摔死了。

酒保把这一切都看在眼里，只见他看着那个醉汉，摇了摇头，有一点生气又无奈地对他说道：“超人，你喝醉的时候简直就是欠扁。”

※ 大道理

处事最当熟思缓处，熟思则得其情，缓处则得其当。盲目跟风只会为自己留下遗憾。为了不使自己上当受骗，人就应该三思而后行。

全体禁闭

因为军舰上禁止饮酒，所以部分好酒的士兵们便只能在餐厅里偷偷地喝。

一天，士兵们正在喝酒，忽然听到有人向餐厅走来，而且脚步声越走越近。于是，士兵们立即把餐桌上的酒瓶都藏了起来。

“少尉你好！”士兵们和来人打招呼。

少尉从餐桌下面找到了酒瓶，可是他是个见酒没命的人，所以拿起酒瓶就想喝，没想到酒瓶刚送到嘴边，舰上的执勤军官走进餐厅。

少尉立即开口打破了餐厅的寂静：“一点不假，确实是酒，罚你们全体禁闭！”

※ 大道理

我们不得不为少尉的机敏而叫好。莎士比亚说过：“智谋出于急难。”

一个本领超群的人，越是在困难或挫折面前，越能显示出他不同凡俗的身手。

事与愿违

牧师讲道，发现听众中有人打呼噜，就决定教训他一番：“你们当中，愿意上天堂的请站起来。”牧师对大家说。

除那个睡着的人外，全都应声起立。

众人坐下后，牧师继续问：“谁愿意下地狱，请站起来。”

这时，那个睡觉的人被惊醒了，他茫茫然连忙站了起来。

众人顿时偷偷发笑。

“先生，”他睡眼惺忪，左顾右盼，然后问牧师，“干嘛只有我和你站着？”

※ 大道理

在评论别人之前，是不是应该多想一想自己是否做得够好呢？至少应该这么要求自己：批评不要尖酸刻薄，不要冷嘲热讽，而是怀着诚心帮助别人改正缺点。

我的棉袄怎么不见了

一小偷晚上进入一户人家偷东西，这家夫妻两人已入睡。小偷摸索了半天也没啥可偷，摸到了桌子下面有个坛子，里边有半坛子米。

这家男人听见有动静，就不动声色地看小偷会偷什么，见小偷脱下自己身上的棉袄铺在地上，准备把坛子里的米偷走。当小偷钻入桌下抱坛子的时候，男主人轻轻伸手把小偷铺在地上的棉袄抓起扔在床上。

小偷把米倒在地上后不见了自己的棉袄，就在四周摸呀摸的。这时女人醒来了，推了推身边的男人说道：“哎！有小偷吧？”

男人装作没事地说：“睡吧，哪有小偷！”

这时小偷接言道：“没有小偷，我的棉袄怎么不见了？”

※ 大道理

男主人的聪明就在于他不用和小偷发生正面冲突就能避免财产损失；小偷的愚蠢就在于忘记了自己身居何处，“偷鸡不成反蚀把米”。有许多妙招可以化解身边的矛盾，关键看你肯不肯动脑筋去想。

头上的绿蝴蝶

玛丽今年 12 岁了，可她还像小时候那样害羞和内向，因为她一直有个心结解不开：她觉得自己不漂亮。

某天下午放学后，她慢慢地沿着街边往家走，心情很沉重。忽然，一家商店门口的牌子吸引了她，只见那上面写道：“新到魅力饰物。”她走进去一看，原来商店里摆着许多颜色鲜艳的大蝴蝶结。

玛丽站在柜台前看了好久，却一直犹豫不决，因为她不知道自己戴上会有什么效果。

“亲爱的，这个对你来说再合适不过了。”女售货员忽然从柜台下拿出了一个绿色的蝴蝶结，“它很配你草绿色的裙子。”

“噢，不，我不能戴那样的东西。”玛丽立刻拘谨地摇了摇头，虽然她是那么渴望试一试。

女售货员故作惊讶地说道：“天哪，为什么不呢？你有一头这么可爱的金发，又有一双漂亮的大眼睛，我看你戴什么都好看！”

也许正因为女售货员的这几句话，玛丽把那个蝴蝶结戴在了头上。

“再往前一点。”女售货员提醒她道，并开始亲自为她佩戴，“亲爱的，你要记住，不管你戴上什么东西，都要像没有谁比你更合适戴它一样，所以，你应该自信一点，抬起头来。”

说着，女售货员轻轻地托起了玛丽的下巴。结果，镜子里出现了一个脸蛋红扑扑、眼睛亮晶晶的小姑娘，她看上去是那么迷人。

“这个我买了。”玛丽说道，然后，她便为自己这么快就做出决定暗自惊奇起来。

付过钱之后，兴奋得有些无法自控的玛丽迅速跑出了商店，以至于差点被一位正在进门的妇女撞倒。

来到大街上，玛丽想象着刚才镜子里的自己，高高地抬起了头，并在不自觉间露出了一丝微笑。她悄悄地看了看四周，感觉大家似乎都在看她。

“他们一定是觉得我很漂亮。”玛丽有点得意地想。

“玛丽，今天你有点与众不同呢。”刚来到家门口，邻居比尔便恭维她道。

玛丽高傲地一昂头：“当然，以后我会越来越与众不同的。”

“玛丽，今天看起来好精神啊，是不是遇上什么开心事了。”进入房间后，妈妈也这么说她。

“当然是有开心事啦。”玛丽一边高兴地自言自语着，一边走到了镜子面前，她想再欣赏一下自己戴着绿蝴蝶的样子。

“啊！”她惊讶地叫了起来——头上居然什么都没有！后来她才知道，她的蝴蝶结早在跑出商店门口被撞时就掉了。

※ 大道理

美丽是自信的副产品。记住：美丽并不来源于长相，而是来源于自信，只有你自信自己并不缺少美，美丽才会真的来到你的世界。

第四篇

小文章　大道理

致加西亚的信

如果你为一个人工作，以上帝的名义：为他干！

如果他付给你薪水，让你得以温饱，为他工作——称赞他，感激他，支持他的立场，和他所代表的机构站在一起。

如果能捏得起来，一盎司忠诚相当于一磅智慧。

在一切有关古巴的事件中，有一个人最让我忘不了。

美西战争爆发后，美国必须立即跟西班牙的反抗军首领加西亚取得联系。加西亚在古巴丛林的山里——没有人知道确切的地点，所以无法带信给他。然而，美国总统必须尽快地获得他的合作。

怎么办呢?

有人对总统说:“有一个名叫罗文的人，有办法找到加西亚，也只有他才找得到。”

他们把罗文找来，交给他一封写给加西亚的信。关于那个名叫罗文的人，如何拿了信，把它装进一个油纸袋里，封好，吊在胸口，3个星期之后，徒步走过一个危机四伏的国家，把那封信交给加西亚——这些细节都不是我想说明的。我要强调的重点是：美国总统把一封写给加西亚的信交给罗文，而罗文接过信之后，并没有问:“他在什么地方？”

像他这种人，我们应该为他塑造不朽的雕像，放在每一所大学里。年轻人所需要的不只是学习书本上的知识，也不只是聆听他人种种的指导，而是更需要一种敬业精神，对上级的托付，立即采取行动，全心全意去完成任务——“把信送给加西亚”。

加西亚将军已不在人间，但现在还有其他的加西亚。凡是需要众多人手的企业经营者，有时候都会因一般人无法或不愿专心去做一件事而大吃一惊。懒懒散散、漠不关心、马马虎虎的做事态度，似乎已经变成常态，除非苦口婆心、威逼利诱地叫属下帮忙，或者，除非奇迹出现，有一名助手帮他，否则，没有人能把事情办成。

不信的话我们来做个试验：你此刻坐在办公室里——周围有6名职员。把其中一名叫来，对他说："请帮我查一查百科全书，把某某的生平做成一篇摘录。"

那个职员会静静地说："好的，先生。"然后就去执行吗？

我敢说他绝不会，反而会满脸狐疑地提出一个或数个问题：

他是谁呀？

他去世了吗？

哪套百科全书？

百科全书放在哪儿？

这是我的工作吗？

为什么不叫查理去做呢？

急不急？

你为什么要查他？

我敢以10∶1的赌注跟你打赌，在你回答了他所提出的问题，解释了怎么样去查那个资料，以及你为什么要查的理由之后，那个职员会走开，去找另外一个职员帮助他查某某的资料，然后，会再回来对你说，根本查不到这个人。真的，如果你是聪明人，你就不会对你的"助理"解释，某某编在什么类，而不是什么类，你会满面笑容地说："算啦。"然后自己去查。这种被动的行为，这种道德的愚行，这种心灵的脆弱，这种姑息的作风，有可能把这个社会带到三个和尚没水喝的危险境界。如果人们都不能为了自己自动自发，你又怎能期待他们为别人采取行动呢？

你登广告征求一名速记员，应征者中，十之八九不会拼也不会写，他们甚至不认为这些是必要条件。这种人能把信带给加西亚吗?

在一家大公司里，总经理对我说:“你看那职员。”

“我看到了，他怎样? ”

“他是个不错的会计，不过如果我派他到城里去办个小差事，他可能把任务完成，但也可能就在途中走进一家酒吧，而当他到了闹市区，可能根本忘了他的差事。”

这种人你能派他送信给加西亚吗?

近来我们听到了许多人，为“那些为了廉价工资工作而又无出头之日的工人”，以及“那些为求温饱而工作的无家可归的人士”表示同情，同时把那些雇主骂得体无完肤。

但从没有人提到，那些老板一直到年老，都无法使那些不求上进的懒虫做点正经的工作，也没有人提到，有些老板长久而耐心地想感动那些他一转身就投机取巧的员工。

在每个商店和工厂，都有一个持续的整顿过程。公司负责人经常送走那些显然无法对公司有所贡献的员工，同时也吸引新的进来。不论业务怎么忙碌，这种整顿一直在进行着。只有当公司不景气、就业机会不多时，整顿才会出现较好的成绩——那些不能胜任、没有才能的人，都被摒弃在就业的大门之外，只有最能干的人，才会被留下来。为了自己的利益，使得每个老板只保留那些最佳的职员——那些能把信送给加西亚的人。

我认识一个极为聪明的人，他没有自己创业的能力，而对别人来说也没有一丝一毫的价值，因为他老是疯狂地怀疑他的雇主在压榨他，或存心压迫他。他无法下命令，也不敢接受命令。如果你要他送封信给加西亚，他极可能回答:“你自己去吧。”

当然，我知道像这种道德不健全的人，并不会比一个四肢不健全的人更值得同情。但是，我们也应该同情那些努力去经营一个大企业的人，他们不会因为下班的铃声而放下工作。他们因为努力去使那些漠不关心、偷懒被动、没有良心的员工不太离谱而日增白发。如果没有这份努力和心血，那些员工将挨饿和无家可归。

我是否说得太严重了？不过，当整个世界变成贫民窟，我要为成功者说几句同情的话——在成功机会极小之时，他们导引别人的力量，终于获得了成功；但他们从成功中所得到的是一片空虚，除了食物外，就是一片空无。

我曾为了三餐而替人工作，也曾当过老板，我知道这两方面的种种甘苦，贫穷是不好的，贫苦是不值得推介的，但并非所有的老板都是贪婪者、专横者，就像并非所有的人都是善良者一样。

我钦佩的是那些不论老板是否在办公室都会努力工作的人，我也敬佩那些能够把信交给加西亚的人。静静地把信拿去，不会提出任何愚笨问题，也不会随手把信丢进水沟里，而是不顾一切地把信送到。这种人永远不会被解雇，也永远不必为了要求加薪而罢工。文明，就是为了焦心地寻找这种人才的一段长远过程。这种人不论要求任何事物都会获得。他在每个城市、村庄、乡镇，以及每个办公室、商店、工厂，都会受到欢迎。

世界上极需这种人才，这种能够把信送给加西亚的人。

（阿尔伯特·哈伯德）

※ 大道理

“忠诚”“敬业”“服从”“信用”之类的话题虽显老套，但是它们却能让你顺利前行，毋庸置疑地获得成功。

生活是不公平的

比尔·盖茨写给即将走出学校、踏入社会的青年一代的11点忠告：

1. 生活是不公平的，你要去适应它。

2. 这个世界并不会在意你的自尊，而是要求你在自我感觉良好之前先有所成就。

3. 刚从学校走出来时你不可能一个月挣 6 万美元，更不会成为哪家公司的副总裁，还拥有一部汽车，直到你将这些都挣到手的那一天。

4. 如果你认为学校里的老师过于严厉，那么等你有了老板再回头想一想。

5. 卖汉堡并不会有损于你的尊严。你的祖父母对卖汉堡有着不同的理解，他们称之为“机遇”。

6. 如果你陷入困境，那不是你父母的过错，不要将你理应承担的责任转嫁给他人，而要学着从中吸取教训。

7. 在你出生之前，你的父母并不像现在这样乏味。他们变成今天这个样子是因为这些年来一直在为你付账单、给你洗衣服。所以，在对父母喋喋不休之前，还是先去打扫一下你自己的屋子吧。

8. 你所在的学校也许已经不再分优等生和劣等生，但生活却并不如此。在某些学校已经没有了“不及格”的概念，学校会不断地给你机会让你进步，然而现实生活完全不是这样。

9. 走出学校后的生活不像在学校一样有学期之分，也没有暑假之说。没有几位老板乐于帮你发现自我，你必须依靠自己去完成。

10. 电视中的许多场景绝不是真实的生活。在现实生活中，人们必须埋头做自己的工作，而非像电视里演的那样天天泡在咖啡馆里。

11. 善待你所厌恶的人，因为说不定哪一天你就会为这样的一个人工作。

（比尔·盖茨）

※ 大道理

生活是不公平的，你要适应它。只有这样，你才有资格拥有它，改变它，否则就要被它抛弃。

没有任何借口

在西点，我作为新生学到的第一课，来自一位高年级学员对我的大声训导。他告诉我，不管什么时候遇到学长或军官问话，只能有四种回答："'报告长官，是'；'报告长官，不是'；'报告长官，没有任何借口'；'报告长官，我不知道'。"除此之外，不能多说一个字。

他曾问我："你为什么不把鞋擦亮？"我说："哦，鞋脏了，我没时间擦。"这样的回答得到的只能是一顿训斥。因为军官要的只是结果，而不是喋喋不休、长篇大论的辩解！

西点让我明白这样的道理：如果你不得不带队出征，那就别找什么借口了，并在当晚给士兵的母亲写信。如果你不得不解雇公司的数千名员工，那也没什么借口，因为你本应预见到要发生的事，并提前寻找对策。

"没有任何借口"是西点军校奉行的最重要的行为准则，它强化的是每一位学员想尽办法去完成任何一项任务，而不是为没有完成任务去寻找任何借口，哪怕看似合理的借口。其目的是为了让学员学会适应压力，培养他们不达目的不罢休的毅力。它让每一个学员懂得：工作中是没有任何借口的，失败是没有任何借口的，人生也是没有任何借口的。

"没有任何借口"看起来似乎很绝对、很不公平，但是人生并不是永远公平的。西点就是要让学员明白：无论遭遇什么样的环境，都必须学会对自己的一切行为负责！学员在校时只是年轻的军校学生，但是日后肩负的却是自己和其他人的生死存亡乃至整个国家的安全。在生死关头，你还能到哪里去找借口？哪怕最后找到了失败的借口又能如何？“没有任何借口”的训练，让西点学员养成了毫不畏惧的决心、坚强的毅力、完美的执行力，以及在限定时间内把握每一分每一秒去完成任何一项任务的信心和信念。

在我的前辈学员中，有很多人都是“没有任何借口”这一理念最完美的执行者和诠释者。伟大的罗文上校是这样，如果不是秉持着“没有任何借口”这一最重要的行为准则，把信送给加西亚将是不可想象的。伟大的巴顿将军（顺便说一句，我是他最狂热的崇拜者）就是这样。1916 年，作为美国墨西哥远征军总司令潘兴将军副官的巴顿，也有过一次类似的送信的经历。巴顿将军在他的日记中写道：

“有一天，潘兴将军派我去给豪兹将军送信。但我们所了解的关于豪兹将军的情报只是说他已通过普罗维登西区牧场。天黑前我赶到了牧场，碰到第 7 骑兵团的骡马运输队。我要了两名士兵和三匹马，顺着这个连队的车辙前进。走了没多远，又碰到了第 10 骑兵团的一支侦察巡逻兵。他们告诉我们不要再往前走了，因为前面的树林里到处都是维利斯塔人。我没有听，沿着峡谷继续前进。途中遇到了费切特将军（当时是少校）指挥的第 7 骑兵团和一支巡逻兵。他们劝我们不要往前走了，因为峡谷里到处都是维利斯塔人。他们也不知道豪兹将军在哪里。但是我们继续前进，最后终于找到豪兹将军。”

但是，不幸的是，在生活和工作中，我们经常会听到这样或那样的借口。借口在我们的耳畔窃窃私语，告诉我们不能做某事或做不好某事的理由，它们好像是“理智的声音”“合情合理的解释”，冠冕而堂皇。上班迟到了，会有“路上堵车”“手表停了”“今天家里事太多”等借口；业务拓展不开、工作无业绩，会有“制度不行”“政策不好”或“我已经尽力了”等借口；事情做砸了有借口，任务没完成有借口。只要有心去找，借口无处不在。做不好一件事情，完不成一项任务，有成千上万条借口在那儿响应你、声援你、支持你，抱怨、推诿、迁怒、愤世嫉俗成了最好的解脱。借口就是一张敷衍别人、原谅自己的“挡箭牌”，就是一副掩饰弱点、推卸责任的“万能器”。有多少人把宝贵的时间和精力放在了如何寻找一个合适的借口上，而忘记了自己的职责和责任啊！

（费拉尔·凯普）

※ 大道理

不要为自己不能完成工作任务寻找任何借口，这样只会让成功离你越来越远。

敢于冒险

柯林·鲍威尔是3个孩子的父亲。他一直认为孩子们才是最重要的，财富不能代替父母对孩子们的关爱和真心喜欢，同时财富也买不到孩子们的尊敬和成就感。儿子迈克是他的长子，从迈克开始，鲍威尔的孩子在年满16岁的时候都会收到父亲在百忙中抽空写给他们的信。下面就是迈克在16岁时收到的忠告——

我总希望能给你们每个人都写一封信，把我希望传授给你们的智慧，至少是我的正确决策和失误带给我的益处和教训都传授给你们。而你，就是收到我信的第一个人。

你现在已经远离了少年时代，开始走上成人之路了，你应该明确地知道要把自己塑造成一个怎么样的人了。

在你的一生中，至少还有50年甚至更长的时间，在这漫长的人生中，有许多不好的东西会带你走上歪路。愤怒会阻碍你前进的脚步，毒品、酒精会给你提供误入歧途的契机，所以你都应该远离它们，相信你应该能学会判断孰是孰非。对于你的判断，我十分有信心，在你今后的人生道路上，不要害怕失败，更不要害怕去尝试。要勇于承担风险，抓住机遇，别做有勇无谋的事情。虽然有很多事情，你很可能以失败告终，但尽管这样，你依然应该相信在未来会有更大的成功及回报在等着你。

你一定要时常记住，不管事情有多么糟糕，明天的天空一定是绚丽多彩的，正所谓明天总是美好的，又何惧黎明前暂时的黑暗呢！

（柯林·鲍威尔）

※ 大道理

因循守旧只会故步自封，不要只局限于眼睛所能看到的地方，要敢于向未知的区域挑战。别忘了巨大的成功总是存在于风险之中！

不要过早地涉足名利场

卓别林与第二个妻子、女演员林达离异之后，他很少与自己的两个孩子联系。在 1932 年的夏天，林达安排自己的孩子作为演员，和她一起在一部电影中出演角色。孩子在从法国回到纽约受到了记者的迎接。年龄不过六七岁的孩子都纷纷在记者面前表示要做伟大的演员。卓别林对此十分恼怒，立即提起法律诉讼，反对孩子们涉足动画片的拍摄。此举得到了法官和许多人的赞同。当孩子们听说法官宣判他们在动画片制作中的表演无效时，两个儿子失望地哭了，以下就是卓别林对此严肃的回应。并且在这以后，随着岁月的流逝，孩子们终于慢慢体会到父亲的良苦用心——

如果你们真的打算步入演员的行列，而在现在还这么小的年纪就开始步入，无疑对你们是有百害而无一利的。

你们现在是会被炒作成儿童演员，但当你们长大成人，再想登上表演舞台的时候，那些当年吹捧你们的人会把你们无情地抛弃。到了那个时候，你们不得不从头再来过，你们肯定会度过一段十分艰难的日子，因为在每个人的心目中，你们的形象应该一直都是讨人喜爱的小演员。但这一点，你们在长大以后是根本不可能做到的。

不要怪我现在不许你们涉足表演，实在是你们的年纪还不足以明了名利场上的一切。过早地经历这一切对你们没有任何的好处，只会让你们变得哗众取宠，像个小丑一般。而等到长大后，你们的心理上则会变得不平衡，这都会影响你们的一生。

如果你们在长大成人之后，仍要坚持步入演员的行列，那么我绝对不会再这样地干涉你们。最后希望你们都能健康快乐地成长。

（查理·卓别林）

※ 大道理

过早地涉足名利场，只会让本不成熟的心灵变得更加虚荣。虚荣可不是什么好东西，虚荣的结果恐怕就如海市蜃楼一般，一点实惠也不会得到。

成功箴言

查尔斯·狄更斯自己有10个孩子，为了解决他们的问题，他可谓是费尽了心思。1868年5月，狄更斯最小的儿子爱德华要去澳大利亚开始新的生活，此时年老体弱的狄更斯意识到此次儿子爱德华一走，自己恐怕是今生再也见不到他了，于是给儿子提出了最后的劝诫——

我无需用太多的言语来诉说自己是多么的爱你，在离别之际，我的内心又有多么的不舍和遗憾。但是生活有一半就是由这许多离别组成的，每个人在有生之年都必须经历和承受这样的痛苦。

但让我备感欣慰的是，我深信你即将开始的生活是非常适合你的。我想这样的生活带给你的自由与茫然将比你待在书房里或是办公室里搞实验更适合你。没有这样的锻炼，你什么也干不成……

在任何事情上都不要居心叵测地利用别人，也不要硬着心肠对待有求于你的人。多为别人着想，因为你也希望别人能如此地对你。即使有时，你的好心好意别人不领情，也不要灰心丧气。别人违背了救世主基督的教义，那是他们的事，只要你自己没有违背就好。

另外，我还想告诉你一句话：你用虔诚的心去感受的东西越多，你费尽心思想得到的东西就会越少。不要总是想方设法去得到许多东西，这样往往什么都得不到。你也千万不要停止每天做祷告的习惯，记得无论日夜都要坚持不懈，我自己也从未停歇过。祷告给人带来的安宁，我深有体会。

我希望在未来的某一天，你能够对别人说，你有一位好父亲，那么我就满足了。

（查尔斯·狄更斯）

※ 大道理

生活就是这样，有痛苦，有幸福，该你经历的必须经历，一件也躲不过去。但是不管多么痛苦，都不要刻意地去伤害、利用别人，更不要有欺负弱小之心。只有这样，老天才会给你机会让你去感受幸福，得到你该得到的东西。

勇敢地渡过难关

以下就是曼德拉在被监禁时，克服重重困难，递送到小女儿手中的信：

……我很高兴地获悉，你已正式成为《挚爱》杂志的专栏作者。在你 17 岁的年纪，这是一项不小的成绩。写作是受人敬仰的职业，它可以把你直接推到世界的中心，而要成为第一流的作家，你就必须付出实实在在的艰苦劳动，追求美好而新颖的主题，简单明了的表达，不可更替的词汇选择。

关于你的那位男朋友，我对他情况不了解，难以为你提供恰当的建议。生活中，很少有人能找到十全十美的男朋友或女朋友。一般来说，双方真诚相爱就足够了，剩下的就是相互谅解和相互影响的问题。坦率而求实的讨论可能使那些微妙的难题迎刃而解。

如果在做了最大努力之后，你仍然觉得你们的关系没有真正改善，那就毫不犹豫地结束这种关系。有一件事情你要永远牢记，永远不能允许任何人欺侮你，不管他是谁，不管你爱他爱得有多深。

现在，你的学业是第一位的，是最重要的事情，要不惜一切取得英语奖学金。这是妈妈和我所愿意看到的事情。

生活中总会有这样的时刻：

人们忘记了他们作为人的可贵天赋，忘记了使他们所到之处和任何困境中都闪耀着光辉的情操。

生活中也总会有这样的时刻：

永远自信的人开始犹豫不决，潜在的天才看上去还不及平庸之辈，本来强悍有力的男子汉在危难降临时瘫软无力。

当人们说生活并不是玫瑰花圃时，说的就是这层意思。相信你可以渡过难关。

（纳尔逊·曼德拉）

※ 大道理

俗话说："困难像弹簧，你弱它就强。"只要你足够坚强，就一定能渡过难关，到达成功的彼岸。

自强不息

在我 8 岁的时候，有一天，我从小学哭着回家。当时我满脸通红，刚刚挨了一顿打。我告诉我的母亲，有个小子打了我耳光，我尽力躲避，但是没有躲开。

她抚摩着我通红的脸，问我："他们为什么要打你？"

我回答："我没得罪他们，他们就是叫我'黑鬼'，然后就打了我。"

妈妈的脸色突然变得非常冷峻，显然她非常生气。"你以后永远不要让别人叫你'黑鬼'并且打你。嘿，听着，我要你反抗和斗争，为你应该拥有的一切而斗争。"

一个星期后，仍然在学校里，有一些小坏蛋跟我过不去，骂我骂得非常难听，然后就咯咯笑着跑了。我知道，他们就是希望我不痛快，但是我不。我感到非常愤怒，并没有试图躲避，而是勇敢地面对他们进行了应有的反击。我和那伙小坏蛋并没有谁输谁赢的问题，重要的是我不再躲避而是直面他们的挑战了。

从那时起，我做出了一个决定，我要反击那些欺负我的人，正如妈妈所说的那样，我一定会获胜。我一定不会再让自己难堪了。对我来说，至关重要的是，面对他人的不公正的待遇时，我不再躲闪，而是懂得要自强、要反击。这是我人生重大的转折点吧。

（黛安娜·罗斯）

※ 大道理

人世中不幸的事如同一把刀，它可以为我们所用，也可以把我们割伤，关键是要看你握住的是刀刃还是刀柄，这取决于你如何看待苦难，如何自强不息。

创建自己的事业

每谋得一个职位，我从不把薪水的多少视为最重要的因素，我最关心的是新的职位与过去的职位相比是否前途和希望更为远大。

在我第一年来到建筑工地工作时，我就有了在同事中成为最优秀的人的决心。当我的同事正在为工作辛苦、薪水低廉而抱怨的时候，我则在努力学习建筑知识。正是因为这样，我才得以迅速提升为技师。

我不光是为了老板在打工，也不是为了单纯的一份俸禄，而是为了我自己的理想在努力。我要使自己工作所产生的价值，远远超过所得的薪水，只有这样我才能得到重用，获得机遇！我的格言是：

如果你认为你是在为别人工作，那你就永远只能为别人工作，如果你认为你是在为自己工作，那你终将会有自己的一番事业。

（查尔斯·齐瓦勃）

※ 大道理

即便是给人打工，也应该尽心尽力地当作自己的事业去做。只有这样，你才会有所积累，才能为开创自己的事业打下坚实的基础。换个角度想一想，给别人创造利润的同时，也是在为自己的成长交学费，有什么不平衡的呢？但是如果你始终认为你是在为别人工作，那就永远不会有什么好结果了。

不要从众作恶

所有的人都没有从众作恶的理由，都不能那样去做。我的祖母这样告诫过我，并把这句话写在了送给我的《圣经》的衬页上，现在我也把这句话送给所有人。

众所周知，世界上存在着各种动机，爱国、爱自己的孩子、热心公益等值得我们赞美的动机；贪欲、权力欲或是虚荣心则是不良的动机。好人的行为总是源于好的动机，但即使一个人做了最坏的事，有时也不一定彻底地坏。

但对于一个人来说，对待道德问题来不得半点马虎，你必须严肃面对你身上所有的道德问题，并努力更正它们。一个人还应该具有无畏和热心公益的精神。就如同我的祖母，她对世俗的轻视以及不在乎多数人的意见，所有这些都留给我良好的印象，值得我效仿，我相信也值得年轻人效仿。

不要从众作恶！这条语录及其背后的用心良苦使我在一生中从不害怕站在少数人一边。我只站在我认为正确的一边。

（伯兰特·罗素）

※ 大道理

从众行为是人类不想孤独、害怕孤独的天性造成的。这本是无可厚非的，但从众作恶却是可怕的，要不得的。因为，从众行为本身就足以使作恶概率、频率提高。可见，消除从众作恶这种行为的最好方法就是孤立恶行，抛弃恶行。只有这样，人们的从众行为才能与人为善。

坚持不懈地努力

爬山会使人筋疲力尽，但有意思的是，人们可以体会到凭借“呼吸恢复”（即在持续的体力消耗中，从最初的筋疲力尽，恢复到呼吸相对轻松的状态）能继续走多远。

每个人都可以从“呼吸恢复”的原理中获得重要的启示，这不仅仅适用于体力劳动，也同样适用于脑力劳动。

许多人在即将度过一生的时候，还从未发现拼搏的真正意义，不知道什么叫做“呼吸恢复”的原理。

不管从事脑力劳动还是体力劳动，大多数人在第一次感到筋疲力尽时就会放弃努力，这样，他们就永远体会不到不折不扣的拼搏所带来的豪情与振奋。

如果我们总是在最困难的时刻放弃，我们就永远不可能知道，原来筋疲力尽之后，我们还会恢复呼吸，获得另外一片天空。

（凯瑟琳・格雷厄姆）

※ 大道理

世界上最难的事就是坚持做最简单的事，能把一件事坚持做到最好的人才可能有所成就。不过，说坚持容易，是因为只要愿意做，人人都能做到，说它难，是因为真正能做到的，总是一小部分人。

以心智战胜逆境

父亲是一位企业家，所以我们家的生活并不算差。但是父亲相信通过教育可以使孩子们明白艰苦劳作的真正价值。

记得我 11 岁的时候，为了赚取补贴，每周我必须为家里修剪草坪，这是父亲为了让我明白劳有所获而设定的。

当时我并不介意做这份工作，但是我毕竟还小，要出色地完成这份工作有点心有余而力不足。但为了使自己完成的工作能博得父亲的满意，我自己想出一个灵活的、随机应变的办法。我存了 4 个月的补贴，等终于有 35 美元的时候，向母亲预支了 25 美元，买了一台属于自己的割草机来修剪草坪。

对此，父亲开始时是非常气恼的，但随后又变得心平气和了。因为我的举措大胆而有创造性，他也的的确确教会了我一门非常有价值的学问，他告诉了我要用自己聪明的才智，在看似无可战胜的逆境之中来争取最后的胜利。

（乔治·卢卡斯）

※ 大道理

有了智慧，懂得如何运用这些智慧，这还远远不够，同时还要对它们加以变通，这样才更容易接近成功。

做生活的强者

埃丽诺不仅是一位演说家、作家和社会活动家，同时也是一位出色的母亲。1948年，她的女儿安娜知道自己十几岁的孩子得了小儿麻痹症，她给安娜写了一封情深意切的信：

如果我的外孙的情况有任何进展，请及时告诉我。我相信情况并不严重，熬过这段时间就会好。

每当发生这种几乎无法忍受的事情时，就是我们需要在人生价值准则上学到一些东西的时候。

试图让弱者学到什么是不可能的，只有强者才可能从人生的逆境中有所领悟、有所学习并有所长进。

现在你唯一重视的就是孩子的生命和快乐，别的损失对你来讲根本微不足道。但是你仍然坚持努力工作。你努力工作是为了不给他人造成经济损失，因为你有着很强的自尊心和责任感；你努力工作是为了消除后顾之忧，不把负担转嫁给年青一代。因为你知道，只有把工作做好，才能够使得你钟爱的人快乐，才能够使得我们获得慰藉。

我深深地爱你，你是生活的强者！

（埃丽诺·罗斯福）

※ 大道理

生活好像天生是跟弱者作对的，你越弱，它越把苦难强加到你的头上。所以，你就要做生活的强者，只有强者才能笑对生活的苦难，并且在不断地和苦难抗争的过程中获得进步，直到成功。

公平对待他人

从我的经历之中，经过我的观察，我一直在思考这样一个问题，那就是：世界上罪恶最主要的起因之一就是种族之间毫无正当理由的反感。有两种人……在这个国家饱受不公平的对待和伤害，那就是犹太人与黑人。

在欧洲，各种歧视也同样盛行。法国人不喜欢意大利人，而意大利人又不喜欢奥地利人。至于巴尔干地区，似乎每个国家都互相反感，并且他们还共同反感土耳其人。这样来来回回，就形成了“恶性循环”。

孩子们，你们还非常小，还没有人群给你们个人带来什么伤害。我希望你们了解“公平”的价值和原则。在你们的人生之旅，你们应当学会公平地对待他人，给任何伙伴以公平的机会和公正的待遇。

我希望我们全家都能够坚定地支持生活中正确的、美好的、优秀的东西，而不是根据肤色、过去的背景等因素去判断他人，应当不带有偏见地对待他人。大的孩子做到了，小的孩子们也要跟着学习。

（俄比·奥尔德里奇）

※ 大道理

上天是公平的，你公平对待他人，给他人以公平的机会和待遇，那么你得到的一定是更多的机会和更好的待遇。

有责任才有尊重

我的父亲戎马一生。他和母亲在童年时都正好遇上大萧条时期，所以他们很注意让自己的孩子得到那些他们自己在童年渴望得到但却没有得到的东西。

在我 9 岁的时候，父亲要做心脏手术，输血的血型配得不够好，结果产生输血反应。在最后的 5 天里，他意识到自己将不久于人世。他在去世的那一天打电话给我那当时才 3 岁的弟弟，对他说自己已经去世了，去了天堂。他说："上帝让我打电话给你，跟你说声再见。你不要害怕，也不要难过，因为我很好。我是想让你知道我很想念你。"

父亲没有给我打电话，而是写了封信。他在信中对我说，他为我在学校里的成绩感到骄傲。他说他希望我有一天能上麻省理工学院——后来我果真上了麻省理工学院。他还对我说，他相信我无论做什么事，只要尽力肯定都会成功的。

母亲和父亲只为一件事真正争吵过，这事涉及钱。父亲想要为我们已经抵押出去的住房买份保险。他对母亲说："这笔投资是省不得的。要是我有什么不测，你和孩子们还能保住这屋子。"

"我们没钱买保险。"母亲说。

6 个月后，父亲去世了。母亲想，这下我们要被扫地出门了。但在 3 星期后，保险公司的理赔员带来了一张支票，这笔钱正好是我们所欠的房款。原来父亲在去世前的几个月设法偷偷省着钱，买了抵押保险，一直在缴付保险费。现在他安静地躺在墓地里，却还在关怀和照料着我们。

我时常想起父亲说的那句话：一个男人，要赢得尊重，就必须承担起自己的责任。父亲用他自己的一生对这句话做出了最好的阐释。而这句话也已成为我的人生准则。

（詹姆斯·伍兹）

※ 大道理

无论做什么事，只要尽力，肯定都会成功；一个男人，要想赢得尊

重，就必须勇敢承担起自己的责任。

平静、含蓄、温和的感情方能持久

对终身伴侣的要求，正如对人生一切的要求一样不能太苛。事情总有正反两面：追得你太迫切了，你觉得负担重；追得不紧了，又觉得不够热烈。温柔的人有时会显得懦弱，刚强了又近乎专制。幻想多了未免不切实际，能干的管家太太又觉得俗气。只有长处没有短处的人在哪儿呢？世界上究竟有没有十全十美的人或事物呢？抚躬自问，自己又完美到什么程度呢？这一类的问题想必你考虑过不止一次。我觉得最主要的还是本质的善良，天性的温厚，开阔的胸襟。有了这三样，其他都可以逐渐培养；而且有了这三样，将来即使遇到大大小小的风波也不致变成悲剧。

做艺术家的妻子比做任何人的妻子都难；你要不预先明白这一点，即使你知道“责人太严，责己太宽”，也不容易学会明哲、体贴、容忍。只要能代你解决生活琐事，同时对你的事业感到兴趣就行，对学问的钻研等等暂时不必期望过奢，还得看你们婚后的生活如何。眼前双方先学习相互的尊重、谅解、宽容。

对方把你作为她整个的世界固然很危险，但也很宝贵！你既已发觉，一定会慢慢点醒她；最好旁敲侧击而勿正面提出，还要使她感到那是为了维护她的人格独立，扩大她的世界观。倘若你已经想到奥里维的故事，不妨就把那部书叫她细读一两遍，特别要她注意那一段插曲。像雅葛丽纳那样只知道love，love，love！的人只是童话中人物，在现实世界中非但得不到love，连日子都会过不下去，因为她除了love一无所知，一无所有，一无所爱。这样狭窄的天地哪像一个天地！这样片面的人生观哪会得到幸福！无论男女，只有把兴趣集中在事业上、学问上、艺术上，尽量抛开渺小的自我（ego），才有快活的可能，才觉得活得有意义。

未经世事的少女往往会存一个荒诞的梦想，以为恋爱时期的感情的高潮也能在婚后维持下去。这是违反自然规律的妄想。古语说，“君子之交淡如水”；又有一句话说，“夫妇相敬如宾”。可见，只有平静、含蓄、温和的感情方能持久；另外一句的意思是说，夫妇到后来完全是一种知己朋友的关系，也即是我们所谓的终身伴侣。未婚之前双方能深切领会到这一点，就为将来打定了最可靠的基础，免除了多少不必要的误会与痛苦。

（节选自《傅雷家书》 傅雷）

※ 大道理

俗话说“火无三旺”，过于热烈的情感总会有冷下来的时候。所以，只有平静、含蓄、温和的情感才会长久。

做自己真正爱做的事

瓦妮莎·贝尔热爱自由并且富有激情，一生中不乏浪漫故事，但她仍然是一位好母亲，全身心地关爱着3个孩子。1935年，瓦妮莎·贝尔在罗马画画，就经常给她远在英国的儿子朱利安写信——

很高兴能看到你的长信，写得真好。从你信中看到你现在正过着一种心绪不宁的烦恼生活。不过不要紧。我想，只要你在做自己真的爱做的事，那才是最重要的。因为一个人的职业关系到一个人的一生，如果你的职业是你所喜爱的，那你就会努力去做好它。

我确信，所有这些新奇的编辑工作和其他工作会带给你许多有益的经验、朋友和名声，并最终将使你找到确实是你自己想做的事，去做这些事情。

上一次来信你显得很是精疲力竭，亲爱的儿子。我想，写作并不真的比绘画需要人们付出更多，但是，乍一看好像是这样，因为我想，写作需要全身心地投入，而绘画时人们似乎完全走进另一个世界，与通常的人类感情和思维隔绝开来，然而这恐怕只是一种幻觉。不管怎么样，它可能是有益的幻觉。有这样一个世界可以扎入其中好像是一种解脱。我是非常想看到你写的东西。

（瓦妮莎·贝尔）

※ 大道理

只有对喜欢的事情，人们才会投入极大的热情和精力，并且还会有一定要做好的信心和愿望。所以，年轻人在选择自己的事业的时候，一定要先弄清楚自己的爱好和专长，极大地发挥自己的能力，极大地释放出自己的潜力，这样才会有望成功。

事在人为

我不相信风水，因为我从来就认同“事在人为”这句话。

1955年，我首次扩张我的业务，成立了一家中型工厂，租了一家快要倒闭的厂子的厂房准备开工了。当时就有一位这个厂的老职工对我说这块地方的风水不好，没有一家商行在这里赚钱离开的。

我当时很感激他的真诚，但当时我就想起一位前辈对我说过的话：铁能变成金，金也能变成铁，关键看你怎么去做。

而且当时我订单也已经接了，机器也已经买了，我不能失信于人，所以我搬进了那家厂房。我非常小心地经营着自己的生意，甚至开工一个月就已经赚到了全年的经营费用。后来我把隔壁倒闭的厂也租了下来，一直到买了地皮盖了新房子才搬走。而那个所谓风水不好的地后来还有好多人抢着租。

风水这个东西，你要信也可以，但是最终还是事在人为。重要的是充实自我，做好自己的工作，眼光也要放远，在发展中不忘稳健，这就是我的哲学。

（李嘉诚）

※ 大道理

世上无难事，只怕有心人。自我充实，尽自己最大的努力，会把许多不可能的事情转化为可能。

工作和娱乐

想要获得真正的幸福与平安，一个人至少应该有两三种业余爱好，而且必须是真正的爱好。到了晚年才开始说“我对什么什么感兴趣”是毫无益处的，这样的尝试只会增加精神上的负担。在与自己日常工作无关的某些领域中，一个人可以获得渊博的知识，但他几乎得不到实在的益处或放松。喜欢干什么就干什么是无益的，你得干一行爱一行。广义而言，人类可以分成三个阶层：劳累而死的人、忧虑而死的人和烦恼而死的人。对于那些体力劳动者来说，在经过一周精疲力竭的工作之后，周六下午给他们提供踢足球或打棒球的机会是没有意义的。对于政界人士、专业人士或商人来说，他们已为棘手的事务操劳或烦恼了 6 天，在周末再请他们为琐事劳神，同样是毫无意义的。

或者可以这么说，理智的、勤奋的、有用的人可以分为两类：第一类，他们的工作就是工作，娱乐就是娱乐；第二类，他们的工作和娱乐是合二为一的。当然，很大一部分人都属于第一类人。他们可以得到相应的补偿。在办公室或工厂里长时间的工作，带给他们的不仅是维持生计的金钱，还带给他们一种渴求娱乐的强烈欲望，哪怕这种娱乐消遣是以最简单、最朴实的方式进行。命运的宠儿则属于第二类人。他们的生活自然而和谐。在他们看来，工作时间永远不够多，每一天在他们看来都是假期；而当正常的假日到来时，他们总会抱怨他们正在全神贯注的休假被强行中断。然而，有一些东西对于这两类人来说是十分必要的，那就是变换一下视角，改变一下氛围，努力做一件别的事情。事实上，每隔一段时间，那些把工作看作娱乐的人们很可能最需要以某种方式把工作驱赶出他们的大脑。

（温斯顿·丘吉尔）

※ 大道理

工作和娱乐是一对矛盾统一体，没有恰当地娱乐，工作也不会尽心尽力；没有努力地工作，也就丧失了娱乐的资本。

不要追求华丽的衣着

在我年轻的时候，有一次，因为看到其他年轻人都穿着时髦的衣服，觉得十分羡慕，很想自己也能拥有一套这样的时髦衣服，使自己成为众人瞩目的焦点，让别人都能羡慕自己。

但是母亲在听了我的要求后立即义正词严地拒绝了我。她告诉我说：“孩子，一个人的价值在于他的品德和学识，而不是华丽的衣服。华丽的衣服只能装饰一个人的外表，但是不能掩盖他的内心。如果一个人的内在丑陋不堪，言行十分不得体，即使有再漂亮的外表和衣服都是没有用的，甚至反而会让人觉得不相称。”

母亲的这番话一直铭刻在我的心里，它指引着我去追求人生真正的价值。

（维克多·雨果）

※ 大道理

虽然说“人靠衣装马靠鞍”，但如果过于注重衣着打扮，就会使人忽略对内在品德和学识的追求。如果缺少了内在的修养，外在的美不但不会长久，反而会黯然失色。

避免结交不良之人

随着你社交面的扩大，你结交的人也越来越多。在此，我想以一个过来人的身份给你提出些许建议。

我完全赞同你追求正直纯洁、品格高尚，因为这样可以促使你避开那些有不良习气之人。我尊重你的正确选择，而且会为你的正确选择摇旗呐喊。……

有些人出言不逊，时常违背社会公德，你一定要努力避免与这样的人交往。同时，你也应当避开那些夸夸其谈的人、缺乏教养的人、招摇撞骗的人、搬弄是非的人。甚至还有一些人，为了追逐名利可以不择手段，而当他们的计划落空时，周围的人便成了他们仇视的对象，就是这些人，他们从来不知道克制自己的欲望，往往为了能满足自己的无止境的欲望不惜伤害自己的朋友。你越能避开这样的人，你就越让我感到欣慰。希望你能接受我的建议，避免结交那些不良之人。

（西多尼斯）

※ 大道理

朋友就是我们的镜子，良友会让我们一生受益，而恶友有可能毁了我们一生，所以交友要慎重。

向光明走去

谁都喜爱光明的。虽然也许有些人和动物常要躲在黑暗之中，以便实行他们的阴险计划的，但那是贼，是恶人，是鸱，是蝙蝠，是狐。凡是人，是正直的人或物，总是喜爱光明，总是要向光明走去的。

黑漆漆的夜，独自走在路上，一点的星光，月光，灯光都没有，我们心里真有些怕。夏天的暴雨之前，天都乌黑了，无论孩子大人，心里也总多少有些凛凛然的，好像天空要有什么异样的变动。山寺的幽斋中，接连的落了几天的雨，天空是那样的灰暗，谁都要感到些凄楚之意。

但是太阳终于来了。接着夜而来的是白昼，接着暴雨而来的是晴光，接着灰暗之天空的是蔚蓝色的天空。那时，不知不觉的会有一阵慰安快乐的感觉，渗入每个人的心里，会有一种勇往活泼的精神，笼罩在每个人的脸上。

在黑暗中走着的人，在夏雨中的人，在灰暗的天空之下的人，总要相信光明的必定到来。因为继于夜之后的一定是白昼。夜来了，白昼必定不远的。继于阴雨之后的，一定是阳光之天。雨来了，太阳必定是已躲在雨云之后的。

那些只相信有阴雨之天，只相信有夜的人，且让他们去。我们是相信着白昼，相信着阳光之必定到来的。

现在，我们是什么样的时代呢？我猜一定不会错，每个人一听到这句问话，都必定要皱着眉头，在心里叹着气答道：“黑暗时代！”

是的，是的，现在是黑暗时代。

政治上，社会上，国际上，家庭上，有多少浓厚的阴影罩着且不必多说，这许多许多黑暗的事实，一时也诉说不尽。

但是“光明”已躲在这些“黑暗”之后了！我们要相信光明一定会到来。我们不仅相信，我们还要迎着光明走去！譬如黑夜独行，坐在路旁等天亮，那是很可羞；如果惧怕黑夜而躲进小岩洞或小屋之内，那更是可耻。

我们相信光明必定会到来，我们迎上去，我们向着他走去！

在黑夜里，踽踽地走着，到了天亮时，我们走到目的地了，那是多么快慰的事呀！

那些见黑暗而惧怕，而失望的，让他们永躲在黑暗里吧；那些只相信有黑暗而不相信有光明的，也让他们的生活于黑暗之洞里吧。我们如果是相信“光明”的，我们便要鼓足了勇气，不怖不懈，向着光明走去。

我们不彷徨，我们不回顾，人类是永续不断的一条线，人间社会是永续不断的努力的结果。我们虽住在黑暗之中，我们应努力在黑暗中进行，但也许我们自身，是见不到光明的。人类全体永续不断的向着光明走去，光明是终于会到来的。

走去，走去，向着光明走去。

光明终于是要到来的！

（郑振铎）

※ 大道理

飞蛾为了光明尚且敢用生命去扑火，难道人会甘愿生活在无边的黑暗中？恐怕只有卑劣的东西才见不得光亮。

读　书

说到读书，似乎是很明白的事，只要拿书来读就是了，但是并不这样简单。至少，这有两种：一是职业的读书，一是嗜好的读书。所谓职业的读书者，譬如学生因为升学，教员因为要讲功课，不翻翻书，就有些危险了。我想诸君之中一定有些这样的经验，有的不喜欢算学，有的不喜欢博物，然而不得不学，否则，不能毕业，不能升学，于将来的生计便是妨碍了。我自己也这样，因为做教员，有时即非看不喜欢看的书不可，要不这样，怕不久便会于饭碗有妨。我们习惯了，一说起读书，就觉得是高尚的事情，其实这样的读书，和木匠的磨斧头、裁缝的理针线没有什么分别，并不见得高尚，有时还很苦痛，很可怜。你爱做的事，偏不给你做，你不爱做的事，倒非做不可。这是由于职业和嗜好不能合一而来的。倘能够大家去做爱做的事，而仍然各有饭吃，那是多么幸福。但现在的社会上还做不到，所以读书的人们的最大部分，大概是勉勉强强的、带着苦痛的为职业的读书。

（节选自《读书杂谈》　鲁迅）

※ 大道理

现在做不想做的事，就是为了将来能做想做的事。所以，再怎么痛苦，也要坚持，也要勤勤勉勉地，哪怕是带着痛苦。

今

世间最可宝贵的就是“今”，因为他最容易丧失，所以更觉得他宝贵。

“今”最可宝贵，哲人耶曼孙曾说：“尔若爱千古，尔当爱现在。昨日不能唤回来，明天还不确定，而能确有把握的就是今日。今日一天，当明日两天。”

“今”最易丧失，因为宇宙大地，刻刻留传，绝不停留。时间这个东西，也不因为吾人贵他爱他稍稍在人间留恋。试问吾人说“今”说“现在”，茫茫百千万劫，究竟哪一刹那是吾人的“今”，是吾人的“现在”呢？刚刚说他是“今”是“现在”，他早已风驰电掣一般成为“过去”了。吾人若要糊糊涂涂把他丢掉，岂不可惜？

吾人在世，不可厌“今”，而徒回想“过去”，梦想“将来”，以耗误“现在”的努力；又不可以“今”境自足，毫不拿出“现在”的努力，谋“将来”的发展。宜善用“今”，以努力为“将来”之创造。由“今”所造的功德罪孽，永久不灭。故人生本务，在随实在之进行，为后人造大功德，供永远的“我”享受、扩张、传袭，至无穷极，以达“宇宙即我，我即宇宙”之究竟。

（李大钊）

※ 大道理

今天，只有24小时，过一分少一分，你减少的不仅是时间，还有掌控明天的能力，所以还是珍惜今天的每一分每一秒吧。

你不必完美

我们当然应该努力做到最好，但人是无法要求完美的。我们面对的情况如此复杂，以致无人始都不出错。

好几次，当我必须告诉我的孩子们我在某件事上做错了时，我多害怕他们不再爱戴我。但我非常惊奇地发现，他们因为我愿意承认自己的错误而更爱我。比较起来，他们更需要我诚实、正直。

然而，有时人们并不能正确对待自己的过失。也许我们的父母期望我们完美无瑕；也许我们的朋友常念叨我们的缺点，因为他们希望我们能够改正。而他们难以谅解的是因为我们的过失总在他们最脆弱的时候触痛了他们的心。

这让我们感到负疚。但在承担过错之前，我们必须问问自己，那是否真是我们应该背负的包袱。

我是从一个童话中得到启示的。一个被劈去了一小片的圆想要找回一个完整的自己，到处寻找自己的碎片。由于它是不完整的，滚动得非常慢，从而领略了沿途美丽的鲜花，它和虫子们聊天，它充分地感受到阳光的温暖。它找到许多不同的碎片，但它们都不是它原来的那一块，于是它坚持着找寻……直到有一天，它实现了自己的心愿。然而，作为一个完美无缺的圆，它滚动得太快了，错过了花开时节，忽略了虫子。当它意识到这一切时，它毅然舍弃了历尽千辛万苦才找回的碎片。

这个故事告诉我们：也许正是失去，才令我们完整。一个完美的人，在某种意义上说，是一个可怜的人，他永远无法体会有所追求、有所希冀的感觉、他永远无法体会爱他的人带给他某些他一直求而不得的东西的喜悦。

一个有勇气放弃他无法实现的梦想的人是完整的；一个能坚强地面对失去亲人的悲痛的人是完整的——因为他们经历了最坏的遭遇，却成功地抵御了这种冲击。

生命不是上帝用于捕捉你的错误的陷阱。你不会因为一个错误而成为不合格的人。生命是一场球赛，最好的球队也有丢分的纪录，最差的球队也有辉煌的一天。我们的目标是尽可能让自己得到的多于失去的。

当我们接受人的不完美时，当我们能为生命的继续运转而心存感激时，我们就能成就完整，而别的人却渴求完整——当他们为完美而困惑的时候。

如果我们能勇敢地去爱、去原谅，为别人的幸福慷慨地表达我们的欣慰，理智地珍惜环绕自己的爱，那么，我们就能得到别的生命不曾获得的圆满。

（哈罗德·库辛）

※ 大道理

常言说，人无完人。我们无法做到绝对的完美，只能做得更好。原因是："我们面对的情况如此复杂，以致无人能始终都不出错。"承认生活中人人都可能有的缺陷和错误，并且接受别人的不完美，心存感激，勇敢地爱和原谅，这样做了，我们就已经接近完美了。所以，承认不完美、承担缺陷与错误是人追求完美的基础。

学会放松自己

在教育儿女方面，约翰·洛克菲勒获得了一个对孩子要求苛刻、严格控制孩子零花钱的名声。1897 年，约翰·洛克菲勒唯一的儿子小约翰·洛克菲勒从布劳恩大学毕业，开始在父亲设在纽约市的标准石油公司的总部上班。

小约翰·洛克菲勒非常明白父亲希望他能早日独当一面，所以也非常刻苦地工作。下面这些语重心长的话就是 1899 年小约翰在和朋友一起休闲旅游时收到的——

当得知你在这段假期过得很好，我和你母亲都十分高兴。而且我们一直都希望你能抓住这个机会好好地放松一下。而且你在需要的时候也的确需要改变一下自己的生活节奏。我们都非常想念你，但我们依然觉得你做出这项决定是十分明智的。

刻苦努力地工作固然必要，但在一定的时候你也要学会放松自己，把自己投入到工作以外的领域，使自己的身心得到放松，这样才有助于你后阶段更好地工作。

我的确希望你早日成才，这是对我们做父母的最大的安慰和回报，自信本像一种生长缓慢的大树，但对于你来说，它倒成了几年前就深深植根于大地的植物。令我们喜出望外的是，无论你走到哪儿，无论你做什么事情，我们都对你十分放心。但我们依然想提醒你适当地学会放松自己，要知道一根弦总是绷得太紧是会断的，要有张有弛才会更长久。

（约翰·洛克菲勒）

※ 大道理

人不能总处于紧张之中，适当地放松自己，是为了下一步努力而积蓄力量，这样才能更好地投入工作或学习之中。

建立自信

我的母亲总是为我的口吃找一些完美的理由。她会对我说：“这是因为你太聪明了。没有任何一个人的舌头可以跟得上你这样聪明的脑袋瓜。”事实上，这么多年来，我从未对自己的口吃有过丝毫的忧虑。我充分相信母亲对我说的话：我的大脑比我的嘴动得快。

那是一个糟糕的赛季的最后一场冰球比赛。当时我在塞勒姆高中读最后一年。我们分别击败丹佛人队、里维尔队和硬头队，赢了头三场比赛，但在随后的比赛中，我们输掉了所有的六场比赛，其中五场都是一球之差。所以在最后一场比赛，即在林恩体育馆同贝弗利高中的对垒中，我们都极度地渴望胜利。作为塞勒姆女巫队的副队长，我独进两球，我们顿时觉得运气相当不错。

那确实是一场十分精彩的比赛，双方打成 2 比 2 后进入了加时赛。

但是很快，对方进了一球，这一次我们又输了。这已是连续第 7 场失利。我沮丧至极，愤怒地将球棍摔向场地对面，随后自己滑过去，头也不回地冲进了休息室。整个球队已经在那儿了，大家正在换冰鞋和球衣。就在这时候，门突然开了，我那爱尔兰裔的母亲大步走进来。

整个休息室顿时安静下来。每一双眼睛都注视着这位身着花色衣服的中年妇女，看着她穿进屋子，屋子里正好有几个队员正在换衣服。母亲径直向我走过来，一把揪住我的衣领。“你这个窝囊废！”她冲着我大声吼道。“如果你不知道失败是什么，你就永远都不会知道怎样才能获得成功。如果你真的不知道，你就最好不要来参加比赛！”

我遭到了羞辱——在我的朋友们面前——但上面的这番话我从此就再也无法忘记，因为我知道，是母亲的热情、活力、失望和她的爱使得她闯进休息室。她，格蕾丝·韦尔奇，是我一生中对我影响最大的人。她不但教会了我竞争的价值，还教会了我胜利的喜悦和在前进中接受失败的必要。

如果我拥有任何领导者的风范，可以和大家和睦相处，我觉得这都应该归功于母亲。忍耐而又有进取心、热情而又慷慨是母亲的特点。她非常擅长分析人的性格特征。对于遇到的每一个人，她总是有所评论。她说她可以“在一英里外嗅出骗子的气味”。

她对朋友非常热情慷慨。如果一个亲戚或者邻居来家里玩，称赞橱柜里的玻璃水杯款式不错，那么母亲会毫不犹豫地将玻璃杯拿出来送给他。

但是另一方面，如果你得罪了她，那你就得多加小心了。她会怨恨任何一个辜负了她的信任的人。从某种意义上来说，我继承了母亲的性格特点。

除此之外，我的很多管理理念都可以从我母亲身上看到原型，譬如下面这些原则：通过努力奋斗去获得成功；面对现实；利用欲擒故纵的方式来激励别人；确定苛刻的目标；严格地追问别人以保证任务的顺利完成。她对培养我的洞察力从不放松。母亲总是坚持要面对现实。她的一句名言是："不要欺骗你自己。事实上它就是这样。"

她总是警告我说："如果你不学习，你将什么都不是，绝对什么都不是。学习没有任何捷径可言。不要欺骗你自己！"

这些就是每天萦绕在我脑海里的生硬而又坚定的忠告。每当我试图回避一笔交易或一项业务上将要出现的严重问题时，母亲的话总能帮助我渡过难关。

从我入学开始，母亲就告诉我优秀的必要性。她知道怎样对我严厉，同时也知道如何拥抱我，亲吻我。她让我确信自己是被需要和被爱的。如果我带回家的成绩单上有个A和一个B，我的母亲就会问我为什么得了个B。不过她最后总是会以祝贺我得了A来结束话题，然后给我一个热情的拥抱。

母亲总是不厌其烦地检查我是否在做家庭作业，就好像我现在总是要检查每天的工作一样。我还记得小时候在阁楼写作业的时候，老是听到母亲的声音从客厅里传来："作业做完了没有？如果没做完，最好就别下来。"

（杰克·韦尔奇）

※ 大道理

成功没有任何捷径，只要你有足够的韧劲，付出足够的努力，再有足够的自信和学习精神，离成功也就不远了。